侯马市耕地地力评价与利用

孟宪昌　主编

中国农业出版社

内容简介

本书是对山西省侯马市耕地地力调查与评价成果的集中反映。是在充分应用“3S”技术进行耕地地力调查并应用模糊数学方法进行成果评价的基础上，首次对侯马市耕地资源历史、现状及问题进行了分析、探讨，并应用大量调查分析数据对侯马市耕地地力、中低产田地力、耕地环境质量等做了深入细致的分析。揭示了侯马市耕地资源的本质及目前存在的问题，提出了耕地资源合理改良利用意见。为各级农业科技工作者、各级农业决策者制订农业发展规划，调整农业产业结构，加快绿色、无公害农产品基地建设步伐，保证粮食生产安全，科学施肥，退耕还林还草，进行节水农业、生态农业以及农业现代化、信息化建设提供了科学依据。

本书共七章。第一章：自然与农业生产概况；第二章：耕地地力调查与质量评价的内容与方法；第三章：耕地土壤属性；第四章：耕地地力评价；第五章：中低产田类型分布及改良利用；第六章：耕地地力评价与测土配方施肥；第七章：耕地地力调查与质量评价的应用研究。

本书适宜农业、土肥科技工作者及从事农业技术推广与农业生产管理的人员阅读。

编写人员名单

主　　编：孟宪昌

副 主 编：杜宇红

编写人员（按姓名笔画排序）：

于书菊　于金平　马　勇　王水娟　王社芳
甘志杰　田克明　宁　波　宁翠平　杜宇红
杨龙生　杨林涛　张秀玲　赵兰枝　赵建荣
赵振宇　胥四社　郭明升　郭彩霞　梁海兰
葛跃文　程慧敏　靳治平　裴丽娟

序

农业是国民经济的基础，农业发展是国计民生的大事。为适应我国农业发展的需要，确保粮食安全和增强我国农产品竞争的能力，促进农业结构战略性调整和优质、高产、高效、生态农业的发展，针对当前我国耕地土壤存在的突出问题，2009年在农业部精心组织和部署下，侯马市成为测土配方施肥县级市。根据《全国测土配方施肥技术规范》积极开展测土配方施肥工作，同时认真实施耕地地力调查与评价。在山西省土壤肥料工作站、山西农业大学环境资源学院、临汾市土壤肥料工作站、侯马市农业委员会广大科技人员的共同努力下，2012年完成了侯马市耕地地力调查与评价工作。通过耕地地力调查与评价工作的开展，摸清了侯马市耕地地力状况，查清了影响当地农业生产持续发展的主要制约因素，建立了侯马市耕地地力评价体系，提出了侯马市耕地资源合理配置及耕地适宜种植、科学施肥及土壤退化修复的意见和方法，初步构建了侯马市耕地资源信息管理系统。这些成果为全面提高侯马市农业生产水平，实现耕地质量计算机动态监控管理，适时提供辖区内各个耕地基础管理单元土、水、肥、气、热状况及调节措施提供了基础数据平台和管理依据。同时，也为各级农业决策者制订农业发展规划，调整农业产业结构，加快绿色食品基地建设步伐，保证粮食生产安全以及促进农业现代化建设提供了第一手科学资料和最直接的科学依据，也为今后大面积开展耕地地力调查与评价工作，实施耕地综合生产能力建设，发展旱作节水农业、测土配方施肥及其他农业新技术普及工作提供了技术支撑。

本书系统地介绍了耕地资源评价的方法与内容，应用大量的调查分析资料，分析研究了侯马市耕地资源的利用现状及问题，提出了合理利用的对策和建议。该书集理论指导性和实际应用性为一体，是一本值得推荐的实用技术读物。我相信，该书的出版将对侯马市耕地的培肥和保养、耕地资源的合理配置、农业结构调整及提高农业综合生产能力起到积极的促进作用。

郭亚宁

2014年2月

前言

耕地是人类获取粮食及其他农产品最重要、不可替代、不可再生的资源，是人类赖以生存和发展的最基本的物质基础，是农业发展必不可少的根本保障。新中国成立以来，山西省侯马市先后开展了两次土壤普查。这为侯马市国土资源的综合利用、施肥制度改革、粮食生产安全做出了重大贡献。近年来，随着农村经济体制的改革以及人口、资源、环境与经济发展矛盾的日益突出，农业种植结构、耕作制度、作物品种、产量水平，肥料、农药使用等方面均发生了巨大变化，产生了如耕地数量锐减、土壤退化污染、水土流失等诸多问题。针对这些问题，开展耕地地力评价工作是非常及时、必要和有意义的。特别是对耕地资源合理配置、农业结构调整、保证粮食生产安全、实现农业可持续发展有着非常重要的意义。

侯马市耕地地力评价工作，于2010年6月底开始到2012年12月结束，完成了侯马市3个乡、2个农村办事处（路东、路西和浍滨街道办事处为城市街道办事处），76个行政村的15.01万亩耕地的调查与评价任务，3年共采集土样3 500个，并调查访问了400个农户的农业生产、土壤生产性能、农田施肥水平等情况；认真填写了采样地块登记表和农户调查表，完成了3 500个样品常规化验、中微量元素分析化验、数据分析和收集数据的计算机录入工作；基本查清了侯马市耕地地力、土壤养分、土壤障碍因素状况，划定了侯马市农产品种植区域；建立了较为完善的、可操作性强的、科技含量高的侯马市耕地地力评价体系，并充分应用GIS、GPS技术初步构筑了侯马市耕地资源信息管理系统；提出了侯马市耕地保护、地力培肥、耕地适宜种植、科学施肥及土壤退化修复等办法；形成了具有生产指导意义的多幅数字化成果图。收集资料之广泛、调查数据之系统、内容之全面是前所未有的。这些成果为全面提高农业工作的管理水平，实现耕地质量计算机动态监控管理，适时提供辖区内各个耕地基础管理单元土、水、肥、气、热状况及调节措施提供了基础数据平台和管理依据。同时，也为各级农业决策者制订农业发展规划、调整农业产业结构、加快绿色食品基地建设步伐、保证粮食生产安全、进行耕地资源合理改良利用、科学施肥以及退耕还林还草、节水农业、生态农业、农业现代化建设提供了最基础的第一手科学资料和最直接的科学依据。

为了将调查与评价成果尽快应用于农业生产，在全面总结侯马市耕地地力评价成果的基础上，引用大量成果应用实例和第二次土壤普查、土地详查有关资料，编写了本书。首次比较全面系统地阐述了侯马市耕地资源类型、分布、地理与质量基础、利用状况、改善措施等，并将近年来农业推广工作中的大量成果资料录入其中，从而增加了该书的可读性和可操作性。

在本书编写的过程中，承蒙山西省土壤肥料工们作站、山西农业大学资源环境学院、临汾市土壤肥料工作站、侯马市农业委员会广大技术人员的热忱帮助和支持，特别是侯马市农业委员会广大工作人员在土样采集、农户调查、数据库建设等方面做了大量的工作。山西省土壤肥料工作站（简称土肥站）的贺玉柱、赵建明以及侯马市农业委员会甘志杰、靳治平安排部署了本书的编写，由孟宪昌完成编写工作，参与野外调查和数据处理的工作人员有：孟宪昌、王社芳、杜宇红、宁翠平、胥四社、裴丽娟、杨龙生、梁海兰，土样分析化验工作由侯马市土壤肥料工作站及临汾市土壤肥料工作站检测中心共同完成，图形矢量化、土壤养分图、数据库和地力评价工作由山西农业大学资源环境学院和山西省土壤肥料工作站完成，野外调查、室内数据汇总、图文资料收集和文字编写工作由侯马市农业委员会完成，在此一并致谢。

编　者

2014 年 2 月

目录

第一章　自然与农业生产概况

第一节　自然与农村经济概况

一、地理位置与行政区划

侯马古称新田，公元前585年，晋景公以新田“土厚水深，居之不疾，有汾、浍以流其恶，且民从教，十世之利”迁都于此，历时209年。侯马市位于山西省南部的临汾盆地和运城盆地之间，汾河与浍河交汇处的平原地带，地理坐标为北纬35°34′02″～35°52′09″，东经111°23′05″～111°41′01″。侯马市最低海拔为395米，最高海拔为1 114.5米。东连曲沃县；西接新绛县；南屏紫金山，与闻喜、绛县毗邻；北隔汾河与襄汾相望。境域随侯马市建制的设立与撤销，有过3次较大变化。1956年11月至1957年12月为侯马市筹备处，辖一乡一镇；1958年10月至1963年5月，侯马市辖原曲沃县、新绛县、襄汾县汾城区域和乡宁县关王庙区域，总面积1 517千米^2；1971年8月从曲沃县分出，总面积220.9千米^2，总人口23.3万人。

侯马市辖5个街道办事处、3个乡，下设76个村民委员会、26个社区和2个居委会，见表1-1。

表1-1　侯马市行政区划与人口情况（2011年）

乡（街道办事处）	总人口（人）	村民委员会（个）	社区（个）	居委会（个）
路东街道办事处	33 453	0	9	0
路西街道办事处	28 356	0	7	0
浍滨街道办事处	35 861	0	8	0
新田乡	45 181	23	0	2
凤城乡	18 473	14	0	0
高村乡	17 915	10	0	0
上马街道办事处	28 348	19	1	0
张村街道办事处	25 622	10	1	0
合　计	233 209	76	26	2

2011年，全市总人口23.3万人。其中，农业人口114 591人，农业人口中新田乡32 115人、上马街道办事处24 385人、高村乡17 915人、张村街道办事处21 730人、凤城乡18 473人。

二、土地资源概况

据2005年统计资料显示，侯马市国土总面积为220.9千米^2（折合331 350亩①）。其中：河谷平原为262 761亩，占总面积的79.3%，丘陵区为68 589亩，占总面积的20.7%。耕地（灌溉农田、水浇地、旱地、菜地）面积150 064亩，占土地总面积的45.29%；园地（果园、其他园地）12 377亩，占土地总面积的3.74%。

侯马市属于晋南盆地一部分，紫金山屹立于市区南侧，峰峦起伏，奇观壮丽。汾河环绕西北，浍河横贯东西，构成一块天然富饶的平原。地势由南向北倾斜，海拔最高点为紫金山三县顶，海拔1 114.5米；最低处为汾河滩，海拔为395米。境内因地形之差明显分为山地丘陵和河谷平原区两大主体地貌单元，紫金山及丘陵区面积68 589亩，占全市总面积的20.7%，海拔500～1 114米；河谷平原区面积262 761亩，占全市总面积的79.3%，海拔410～420米。二者分裂明显，俗称山区、平原，形成独特的南高北低的地貌景观。

1. 山地丘陵区

（1）土石山亚区：主要分布在凤城乡和上马街道办事处，东起山根底，西至隘口沟。紫金山属于低山区，最高海拔1 114.5米（三县顶），为阴坡单面山。其特点是土山石山交错，山顶覆盖黄土深厚，山腰岩石裸露，大都是石灰岩，交错处土层厚薄不一，山谷切割处深度为200～500米。土壤类型主要为黄土母质和花岗片麻岩残积母质所发育形成的山地褐土。虽有耕地，但由于水土流失严重，养分贫乏，产量低微。紫金山植被多为草本，林、灌木稀少，矿藏贫乏，荒山秃岭，谓之“穷山”。

（2）丘陵亚区：主要分布在上马街道办事处隘口至庄里一带，海拔为420～500米。本区域地形复杂，起伏不平。土壤为黄土母质发育而成的碳酸盐褐土性土和耕种碳酸盐褐土纵横，地形支离破碎，自然植被稀少，地下水埋藏很深，土壤质地通体壤质，常年干旱，人畜吃水困难。干旱是限制本区农业发展的主要障碍因素，土壤养分不足，广种薄收。

（3）山区丘陵冲积沟壑亚区：山区丘陵由于地形切割，冲沟纵横，汇聚于前缘，形成了大小不等、长短不一、宽窄各异的冲沟。以陡斜坡形式面临浍河，最大的是山区和丘陵之间的分界隘口沟，长达5.5千米，宽50～350米，深20～100米，两侧支沟纵横，沟壁直立，呈U形，沟底多平，大部分为耕地。

（4）山前洪积扇亚区：山区由于大小山谷峪口洪水冲积于山前，形成大小各异的洪积扇，有的相连形成洪积扇裙，使整个山前形成南高北低的倾斜平原。上部发育多为砾石，中部为耕种洪积砾质碳酸盐褐土性土，下部为耕种洪积沙砾质碳酸盐褐土性土。本亚区虽为农田，但土层浅薄，漏水漏肥，收成甚微，适宜发展经济林。

2. 河谷平原区 主要包括汾河、浍河、河谷二级阶地和二级阶地以上的广大地区。

（1）二级阶地平原亚区：是指侯马市广阔平原，它是古老的河谷底部。因地壳上升，

① 亩为非法定计量单位，1亩=1/15公顷。

汾、浍两河下切而形成，本区海拔为410～420米，成土母质为新生代的次生黄土，形成典型的碳酸盐褐土。本区域地势平坦，交通方便，农业生产历史悠久，土壤理化性状良好，盛产粮棉。主要问题是水肥不太充足，只要这两个因素得以改善，夺取农业稳产高产是大有希望的。

（2）汾、浍河谷一级阶地冲积平原亚区：是汾河、浍河二河漫滩以上的广大地区。本区土壤是河流冲积母质形成的隐域性土壤——草甸土盐土和沼泽草甸土。其特点是地势低平，土壤养分含量丰富，地下水位浅，灌溉方便，但由于形成不同程度的盐化，影响着农业生产。只要积极采取措施，综合治理盐碱，本区便可成为良好的农业生产基地。

（3）河漫滩亚区：是指汾河浍河洪水泛滥季节可被淹没的部分，又有高河漫滩和低河漫滩之分，其宽度不一。土壤系为近代河流中冲积母质发育而成，沉积层次明显，沙黏相间，质地近河粗，远滩细，一般多为沙土和沙壤土。近年来由于干旱，河水泛滥减少，多开垦为农田，但由于涝时洪水袭击，土地不稳，多为间荒，此区发展方向多以营造防护林为宜。

侯马市土壤分三大土类，分别是褐土、草甸土、盐土，7个亚类，18个土属，38个土种，以褐土为主，其次是草甸土。三大土类中以褐土为主，面积占79.5%；其次为草甸土，面积占15.5%。在各类土壤中，宜农土壤比重大，适种性广，有利于农、林、牧业全面发展。

三、自然气候与水文地质

（一）气候

侯马市地处北纬35°左右，属暖温带大陆性季风气候区，气候温和，四季分明。具有冬季寒冷干燥，夏季高温多雨，春温高于秋温，秋雨多于春雨，降水高度集中，地面风向紊乱的气候特征。

1. 气温　年平均气温12.7℃，1月最冷，平均气温－2.7℃，极端最低气温－21.4℃（1991年12月28日）；7月最热，平均气温为26.1℃，极端最高气温为42℃（1996年6月21日）。＞5℃积温为4 667.4℃，初日为2月15日，终日为11月15日，初终间日数为270.1天；＞10℃的积温为4 265.0℃，初日为4月3日，终日为10月27日，初终间日数为208.1天；平均无霜期为194天，初霜冻日为10月下旬，个别年份9月可见早霜，终霜冻日为4月上旬。

2. 地温　随着气温的变化，土壤温度也发生相应变化。20厘米深年平均土温为14.4℃，略高于气温，8月最高为27.4℃，1月最低为－0.1℃。通常12月23日开始封冻，翌年1月15日到2月24日解冻，极端冻土深度为56厘米（1971年）。

3. 日照　年平均日照时数为2 271.42小时，最长为2 703.1小时（1965年），最短为1 834.8小时（1964年）；5月日照时数最多，平均为242.6小时，2月最少，为159.8小时。

4. 降水量　年际变化很大，以1957—1970年14年的资料统计，侯马市年平均降水量为564.9毫米，而1957—2000年的统计结果为年平均516.8毫米，但1971—2000年的统计结果表明，年均值仅为493.0毫米。多雨年降水量可达946.9毫米（1958年），最少年仅有 277.3 毫米（1997 年），差值竟达 669.6 毫米，日最大降水量为 158.4 毫米（1998 年 7 月 8 日）。各季降水量分布很不均匀：春季（3～5 月）约占全年总降水量的 15.8%，加之大地升温快，风速较大，干旱较常年严重；夏季（6～8 月）约占全年总降水量的 49.3%，降水集中，常有雷暴，有时伴有暴雨、冰雹和阵性大风，往往造成严重灾害。但有些年份伏旱现象又很严重（1968 年 6～8 月降水量仅为 104.6 毫米，1991 年 6～8 月仅为 78.5 毫米）；秋季（9～11 月）雨雪稀少，仅占全年总降水量的 29.7%；冬季（12 月至翌年 2 月）降水较少，仅占全年总降水量的 5.2%。

5. 蒸发量 蒸发量大于降水量是侯马市半干旱大陆性季风气候的显著特点。年平均蒸发量为 1 871.8 毫米，是年降水量的 3～4 倍。5～6 月蒸发量最大，为 579.6 毫米，1 月和 12 月最小，为 76.6 毫米左右。1965 年最大，蒸发量为 2 000.5 毫米，1970 年最小，为 1 128.6 毫米。降水少、蒸发大，是造成侯马市十年九旱气候特点的重要原因。

（二）成土母质

母质是土壤形成的物质基础，不同的土壤母质，其矿物组成和化学成分不同，所以形成的土壤理化特性也不同，这些直接影响到各种土壤的属性和生产特性。因此，鉴别母质，研究成土母质与土壤形成的关系，是土壤分类的重要一环。

侯马市由于地形地貌不太复杂，成土母质也较为简单，主要有残积母质和黄土（马兰黄土）母质、次生黄土母质、坡积母质、洪积母质和冲积母质等，各母质性质特点不同，所以形成的土壤也不同，以下简述侯马市成土母质的基本类型。

1. 残积母质 主要分布在紫金山腰岩石裸露区，岩石多为花岗片麻岩质，由于风化作用，表层已形成花岗片麻岩质山地褐土，因为风化程度很差，土层较薄，砾石含量较多（>30%），故形成的土壤为粗骨性山地褐土。

2. 黄土母质 主要分布在紫金山顶和丘陵，侯马市黄土母质也属第四纪风成沉积物，土色为淡灰黄色，较疏松，无层理，柱状节理发育，石灰质含量高，碳酸钙含量为11%～12%，通体质地均一，多属壤质土。

3. 次生黄土母质 广泛分布在二级阶地上，其特点是：为风成的马兰黄土，经过水力或者其他成因再搬运沉积的黄土性物质，土色多为黄灰，或棕或暗灰褐色，质地均匀，因受人们耕作活动影响大，土壤熟化程度高，土壤发育层次明显，一般除耕作层外，心底土较紧实，孔隙度低，一般为 40%以上，容重大，通透性差。

4. 洪积母质 主要分布在紫金山脚下，是山洪出峪口后，将大量砾石泥沙堆积在出口处称洪积物。其特点是：分选差，砾石、泥、沙混杂堆积成扇状形，一般洪积扇上部砾石含量多，中、下部表土土质逐渐变细，下层多为砂砾质，漏水漏肥。

5. 冲积母质 主要分布于汾、浍河两岸的河漫滩和一级阶地上，是风化碎屑物质、黄土等经河流侵蚀、搬运和沉积而成。由于河水的分选，造成不同质地的冲积层理，一般粗细相间，在水平方向上，越靠近河床越粗，在垂直剖面上沙黏交替。其特点是：由于水流的分选作用，而且具有成层性或成带性的分布规律，一般沙黏相间，沉积层次明显，并随河床由近到远，质地从沙土→二合土→黏土，呈带状递变，土壤比较肥沃。

（三）河流与地下水

侯马市境内有 2 条河流通过，即汾河和浍河。汾河是侯马市境内由北向南横贯的河流，从张村街道办事处的北庄村入境，至高村乡的张王村流入新绛县，自然流长 23.5 千米。多年平均流量 46 米^3/秒，最小流量 4 米^3/秒，平均流速 2.24 米/秒，最大流速 5.33 米/秒，最大洪水流量 2 800 米^3/秒，年径流量 24.1 亿米^3。浍河是从东向西横贯的河流，从侯马市凤城乡西韩村入境，庄里村出境，流经 16.5 千米，最大洪水流量 113.87 米^3/秒，年平均径流量 0.3 亿米^3。据水利部门资料，全市地下水静储蓄量约为 1 亿米^3/年，动水储蓄量 0.195 亿米^3/年，调剂储量 0.21 亿米^3/年，可开采量 0.395 亿米^3/年，已开采量 0.26 亿米^3/年。侯马市共有 2 个蓄水水库，即浍河二库和金沙水库。浍河二库始建于 1974 年 1 月，1975 年 8 月竣工，总库容 1932 万米^3，1995 年经过修缮，总库容达 2 856万米^3；金沙水库始建于 1967 年 11 月，1971 年 3 月竣工，总库容 12.5 万米^3。

(四) 自然植被

1. 土石山植被区　分布于南部紫金山山区海拔为 450～1 114.2 米，山脚下有零星分布的酸枣、荆条、黄刺玫灌丛。荒坡植被覆盖率 20%左右，以草灌为主，蒿类、白草、狗尾草较多，其次有胡枝子、黄刺玫、柴胡等。人工林以侧柏、油松、刺槐、山桃、山杏为主。

2. 平川植被区　集中于中部平川区域，天然植被稀少，大多散生于田间、地埂、路边，主要有拉拉蔓、狗尾草、臭蒿、曼陀罗、芦苇等。

四、农村经济概况

2012 年，侯马市农村经济总收入为 225 601 万元。其中，农业收入为 44 433 万元，占 19.70%；林业收入为 4 132 万元，占 1.83%；畜牧业收入为 13 289 万元，占 5.89%；工业收入为 47 813 万元，占 21.19%；建筑业收入为 26 485 万元，占 11.74%；运输业收入为 34 041 万元，占 15.09%；商饮业收入为 27 103 万元，占 12.01%；服务业及其他收入为 28 305 万元，占 12.55%。农民人均纯收入为 9 623 元。

改革开放以后，农村经济有了较快发展。农村经济总收入，1949 年为 414 万元，1957 年为 1 011 万元，8 年间提高 144%；1966 年为 1 362 万元，是 1957 年的 1.35 倍；1979 年为 2 112 万元，是 1966 年的 1.55 倍；2012 年为 225 921 万元，是 1979 年的 106.97 倍。农民人均纯收入也有了较快的提高。1965 年为 84 元，1970 年为 76 元，1975 年为 71 元，1980 年为 106 元，1985 年 392 元，1990 年 583 元，1995 年 1 582 元，2000 年达到 3 113 元，2012 年突破 9 000 元大关，达到 9 623 元。

第二节　农业生产概况

一、农业发展历史

侯马市农业历史悠久，新中国成立前农业生产比较落后；新中国成立以后，农业生产有了较快发展，特别是中共十一届三中全会以后，农业生产发展迅猛。随着农业机械化水平的不断提高，农田水利设施的建设，农业新技术的推广应用，农业生产迈上了快车道。

1949 年全市粮食总产仅为 7 305 吨，棉花产量为 545 吨，蔬菜为 1 000 吨；1980 年粮食总产达到 31 880 吨，是 1949 年的 4.36 倍；1982 年棉花总产 2 374 吨，是 1949 年的 4.36 倍，蔬菜总产 31 345 吨，是 1949 年的 31.34 倍；1995 年粮食总产达 49 418 吨，是 1980 年的 1.55 倍，棉花皮棉总产 917 吨。

二、农业发展现状与问题

侯马市光热资源丰富，园田化和梯田化水平较高，但水资源较缺，这是农业发展的主要制约因素。全市耕地面积 150 064 亩，其中，水浇地面积 27 042 亩，占耕地面积的 18.02 %；有效灌溉面积 97 500 亩，占耕地面积的 64.97%。

2012 年，侯马市粮食播种面积 20.58 万亩，总产 8.19 万吨，同比增长 4.5%。其中，小麦 10.5 万亩，总产量 3.72 万吨；玉米 10.08 万亩，总产量 4.47 万吨。水果种植面积 1.19 万亩，总产量 1.745 万吨，总产值 5 074 万元；中药材种植面积 1.08 万亩，总产量 1 475.72吨，总产值 2 431.13 万元；蔬菜种植面积 1.9 万亩，其中设施蔬菜面积 1.13 万亩，年总产蔬菜 15 万吨，实现产值 1.2 亿元；食用菌种植面积 350 亩，总产量 2 200 万吨，总产值 1 760 万元。

侯马市生猪存栏 33 276 头，出栏 59 896 头；羊存栏 21 265 只，出栏 20 113 只；鸡存栏 350 500 只，出栏 271 860 只；牛存栏 1 726 头，其中奶牛 795 头，出栏 1 690 头。肉类产量 6 954 吨，禽蛋产量 4 018 吨，奶产量 2 782 吨。侯马市主要农作物及畜牧产品总产量见表 1-2。

表 1-2 侯马市主要农作物及畜牧产品总产量

年份	粮食（吨）	油料（吨）	棉花（吨）	水果（吨）	猪牛羊肉（吨）	农民人均纯收入（元）
1949	5 735	700	545	145	1 000	—
1960	7 865	2 495	885	465	8 835	—
1965	15 920	3 815	2 235	355	3 945	84
1970	8 270	5 805	1 985	1 295	6 220	76
1975	21 560	6 935	1 000	1 115	10 785	71
1980	15 440	14 035	1 492	1 210	25 140	106
1985	31 540	9 910	753	229	65 813	392
1990	35 327	8 571	994	67	68 261	583
1995	36 386	10 286	917	152	101 740	1 582
2000	33 134	10 319	461	208	138 705	3 113
2012	37 200	44 700	—	17 450	150 000	9 623

侯马市农机化水平较高，田间作业基本全部实现机械化，大大减轻了劳动强度，提高了劳动效率。全市农机总动力为 17.35 万千瓦。拖拉机有 1 296 台，其中大中型 681 台，小型 615 台。种植业机具门类齐全：秸秆粉碎还田机 134 台，联合收割机 222 台，农副产

品加工机械 473 台，农用运输车 5 160 辆。全市机耕面积 18.3 万亩，机播面积 20.88 万亩，机收面积 17.25 万亩。农用化肥折纯用量 7 979 吨，农膜用量 263 吨，农药用量 105 吨。

侯马市共拥有各类水利设施 802 处（眼），其中小型水利设施 54 处，大型电灌站 0 处，中小型电灌站 1 处，机电井 747 眼。

从侯马市农业生产看，其特点主要为：一是粮田面积趋于稳定；二是棉田面积大幅度减少；三是蔬菜面积呈上升趋势。分析其原因，主要是因为人工费普遍提升，种粮机械化程度高，用工少，而棉花市场价格波动大，用工多，多数农民认为种田不如打工，因此棉花种植面积下降，同时，随着人工费的提升，种粮效益比较低。粮田面积虽然扩大，但管理粗放。

第三节　耕地利用与保养管理

一、主要耕作方式

侯马市的农田耕作方式为：一年两作，即小麦—玉米（或豆类）；一年一作（小麦或棉花）。一年两作是指前茬作物收获后，秸秆还田旋耕，播种，旋耕深度为 20～25 厘米。这种方式的优点一是两茬秸秆还田，有效地提高了土壤有机质含量；二是全部机耕、机种，提高了劳动效率。缺点是土地不能深耕，降低了活土层。一年一作多用于旱地小麦或棉花薯类，指前茬作物收获后，在伏天或冬前进行深耕，以便接纳雨雪、晒垡。深度一般可达 25 厘米以上，以利于打破犁底层，加厚活土层，同时还利于翻压杂草。

二、耕地利用现状、生产管理及效益

侯马市种植作物以冬小麦、夏玉米、棉花、油料、小杂粮、蔬菜为主，兼种一些经济作物。耕作制度有一年一作、一年两作。灌溉水源有浅井、深井、河水、水库；灌溉方式河水大多采取大水漫灌，井水一般大多采用畦灌。一般年份，汾河两岸每季作物浇水 2～3 次，平均每次费用约为 20 元/亩；其他地区为 1～2 次，平均每次费用 60～80 元/亩。生产管理上机械水平较高，但随着油价不断上涨，费用也在不断提高。一年一作每亩投入 100 元左右，一年两作每亩投入 160 元左右。

2012 年粮食播种面积 20.58 万亩，总产 8.19 万吨，同比增长 4.5%。其中，小麦 10.5 万亩，总产 3.72 万吨；玉米 10.08 万亩，总产 4.47 万吨。水果种植面积 1.19 万亩，总产量 1.745 万吨，总产值 5 074 万元；中药材种植面积 10 800 亩，总产量 1 475.72 吨，总产值 2 431.13 万元；蔬菜种植面积 1.9 万亩，其中设施蔬菜面积 1.13 万亩，年总产蔬菜 15 万吨，实现产值 1.2 亿元；食用菌种植面积 350 亩，总产量 2 200 万吨，总产值 1 760 万元。

效益分析：高水肥地小麦平均亩产 400 千克，每千克售价 2 元，产值 800 元，投入 320 元，亩纯收入 480 元；旱地小麦亩产 200 千克，亩产值 400 元，投入 160 元，亩纯收

入 240 元；水地玉米平均亩产 500 千克，每千克售价 2 元，亩产值 1 000 元，亩投入 300 元，亩收益 700 元；水地棉花亩产籽棉 188 千克，每千克籽棉售价 8 元，亩产值 1 504 元，亩投入 550 元，纯收入 954 元。这里指的是一般年份，如遇旱年，旱地小麦收入更低，甚至会亏本；旱地玉米，如遇卡脖旱，则颗粒无收；水地小麦、玉米，如遇旱年，投入加大，收益降低。

苹果一般亩纯收入 2 500 元左右，葡萄亩纯收入 3 500 元左右。

三、施肥现状与耕地养分演变

侯马市大田施肥情况是农家肥施用呈下降趋势。过去农村耕地、运输主要以畜力为主，农家肥主要是大牲畜粪便，但目前大田土壤中有机质含量的增加主要依靠秸秆还田。化肥的使用量，从逐年增加到趋于合理。据统计资料，20 世纪 50 年代后期开始使用化肥，1958 年化肥施用量全市仅为 316 吨，1973 年为 3 022 吨，1978 年为 9 339 吨，1988 年为 10 384 吨，1998 年为 20 829 吨，2001 年为 23 395 吨，2012 年为 7 979 吨（折纯）。

2009 年，侯马市测土配方施肥面积 21 万亩次，秸秆还田面积 8.3 万余亩，化肥施用量（实物）为 7 万吨，氮肥 12 900 吨、磷肥 10 700 吨、钾肥 1 400 吨。

随着农业生产的发展，秸秆还田，测土配方施肥技术的推广，2009 年，侯马市耕地耕层土壤养分测定结果比 1982 年全国第二次土壤普查普遍提高。土壤有机质含量平均增加了 8.56 克/千克，全氮含量增加了 0.4 克/千克，有效磷含量增加了 1.2 毫克/千克，速效钾含量增加了 159.84 毫克/千克。随着测土配方施肥技术的全面推广应用，土壤肥力更会不断提高。

四、农田环境质量与历史变迁

农田环境质量的好坏，直接影响农产品的产量和品质。1980—2000 年，随着经济快速发展，侯马市工业发展很快，给农业生态环境带来严重污染。汾河和浍河是侯马市农业灌溉的主要水源，不仅沿河的河滩地靠汾水和浍河灌溉，其他耕地也靠汾水和浍河浇灌。当时汾河成为一条名副其实的排污河。据 1995 年的调查报告，由于上游企业污水、废物的排放，汾河水色似酱油，臭气冲天，严重污染农田。全市当时有许多中小型污染企业，它们排出的企业污水、废物和废气严重影响周围农田的正常生长。2000 年以后，随着各级政府环保力度的加大，不达标的企业全部关闭。这为农田环境的不断好转，打下了基础。

侯马市环境质量现状：

（1）空气：侯马市 2010 年空气质量二级天数为 364 天，一级天数为 179 天。

（2）地表水：县域内主要河流为汾河，属黄河流域，评价区汾河段执行《地表水环境质量标准》（GB 3838—2002）中Ⅴ类标准，水质现状为 4 类，水质指标化学耗氧量（COD）值约为 135 毫克/升，NH_3—N 值约为 25 毫克/升。

（3）地下水：县域地下水总量 4 132 万米^3，水质类型为 HCO_3—Ca、HCO_3—CaMg、

HCO_3—Mg 或 HCO_3—Na 型水，评价区地下水执行《地下水环境质量标准》（GB/T 14848—93）中Ⅲ类水标准，汾河以南及汾河谷地部分地区地下水酚、氟含量较高。

五、耕地利用与保养管理简要回顾

1985—1995 年，根据全国第二次土壤普查结果，侯马市划分了土壤利用改良区，根据不同土壤类型，不同土壤肥力和不同生产水平，提出了合理利用培肥措施，达到了培肥土壤目的。

1995—2009 年，随着农业产业结构调整步伐加快，实施沃土计划，推广平衡施肥，小麦、玉米两茬秸秆直接还田，特别是 2009 年，测土配方施肥项目的实施，使侯马市施肥更合理，加上退耕还林等生态措施的实施，农业大环境得到了有效改变。近年来，随着科学发展观的贯彻落实，环境保护力度不断加大，农田环境日益好转。同时政府加大对农业的投入力度，通过一系列有效措施，全市耕地生产正逐步向优质、高产、高效、安全迈进。

第二章　耕地地力调查与质量评价的内容与方法

根据《全国耕地地力调查与质量评价技术规程》和《全国测土配方施肥技术规范》（以下简称《规程》和《规范》）的要求，通过肥料效应田间试验、样品采集与制备、田间基本情况调查、土壤与植株测试、肥料配方设计、配方肥料合理使用、效果反馈与评价、数据汇总、报告撰写等内容、方法与操作规程和耕地地力评价方法的工作过程，进行耕地地力调查和质量评价。这次调查和评价是基于4个方面进行的：一是通过耕地地力调查与评价，合理调整农业结构、满足市场对农产品多样化、优质化的要求以及经济发展的需要；二是全面了解耕地质量现状，为无公害农产品、绿色食品、有机食品生产提供科学依据，为人民提供健康安全食品；三是针对耕地土壤的障碍因子，提出中低产田改造、防止土壤退化及修复已污染土壤的意见和措施，提高耕地综合生产能力；四是通过调查，建立全市耕地资源信息管理系统和测土配方施肥专家咨询系统，对耕地质量和测土配方施肥实行计算机网络管理，形成较为完善的测土配方施肥数据库，为农业增产、农业增效、农民增收提供科学决策依据，保证农业可持续发展。

第一节　工作准备

一、组织准备

由山西省农业厅土壤肥料工作站牵头成立测土配方施肥和耕地地力调查领导组、专家组、技术指导组，侯马市成立相应的领导组、办公室、野外调查队和室内资料数据汇总组。

二、物质准备

根据《规程》和《规范》要求，进行了充分物质准备，先后配备了GPS定位仪、不锈钢土钻、计算机、钢卷尺、100厘米^{3}环刀、土袋、可封口塑料袋、水样瓶、水样固定剂、化验药品、化验室仪器以及调查表格等，并在原来土壤化验室基础上，进行必要补充和维修，为全面调查和室内化验分析做好了充分物质准备。

三、技术准备

领导组聘请农业系统有关专家及第二次土壤普查有关人员，组成技术指导组，根据

《规程》和《山西省2005年区域性耕地地力调查与质量评价实施方案》及《规范》，制定了《侯马市测土配方施肥技术规范及耕地地力调查与质量评价技术规程》和技术培训教材。在采样调查前对采样调查人员进行认真、系统的技术培训。

四、资料准备

按照《规程》和《规范》要求，收集了侯马市行政规划图、地形图、第二次土壤普查成果图、基本农田保护区划图、土地利用现状图、农田水利分区图等图件；收集了第二次土壤普查成果资料，基本农田保护区地块基本情况、基本农田保护区划统计资料，大气和水质量污染分布及排污资料，果树、蔬菜面积、品种、产量及污染等有关资料，农田水利灌溉区域、面积及地块灌溉保证率，退耕还林规划，肥料、农药使用品种及数量、肥力动态监测等资料。

第二节　室内预研究

一、确定采样点位

（一）布点与采样原则

为了使土壤调查所获取的信息具有一定的典型性和代表性，提高工作效率，节省人力和资金，采样点参考县级土壤图，做好采样规划设计，确定采样点位。实际采样时严禁随意变更采样点，若有变更须注明理由。在布点和采样时主要遵循了以下原则：一是布点具有广泛的代表性，同时兼顾均匀性。根据土壤类型、土地利用等因素，将采样区域划分为若干个采样单元，每个采样单元的土壤性状要尽可能均匀一致；二是耕地地力调查与污染调查（面源污染与点源污染）相结合，适当加大污染源点位密度；三是尽可能在全国第二次土壤普查时的剖面或农化样取样点上布点；四是采集的样品具有典型性，能代表其对应的评价单元最明显、最稳定、最典型的特征，尽量避免各种非调查因素的影响；五是所调查农户随机抽取，按照事先所确定采样地点寻找符合基本采样条件的农户进行，采样在符合要求的同一农户的同一地块内进行。

（二）布点方法

大田土样布点方法：按照《规程》和《规范》，结合侯马市实际，将大田样点密度定为平原区、丘陵区，平均每200亩一个点位，实际布设大田样点3 500个。一是依据山西省第二次土壤普查土种归属表，把那些图斑面积过小的土种，适当合并至母质类型相同、质地相近、土体构型相似的土种，修改编绘出新的土种图。二是将归并后的土种图与基本农田保护区划图和土地利用现状图叠加，形成评价单元。三是根据评价单元的个数及相应面积，在样点总数的控制范围内，初步确定不同评价单元的采样点数。四是在评价单元中，根据图斑大小、种植制度、作物种类、产量水平等因素的不同，确定布点数量和点位，并在图上予以标注。点位尽可能选在第二次土壤普查时的典型剖面取样点或农化样品取样点上。五是不同评价单元的取样数量和点位确定后，按照土种、作物品种、产量水平等因素，分别统计其相应的取样数量。当某一因素点位数过少或过多时，再根据实际情况进行适当调整。

二、确定采样方法

1. 采样时间 在大田作物收获后、秋播作物施肥前进行。按叠加图上确定的调查点位去野外采集样品。通过向农民实地了解当地的农业生产情况，确定最具代表性的同一农户的同一块田采样，田块面积均在1亩以上，并用GPS定位仪确定地理坐标和海拔高度，记录经纬度，精确到0.1″。依此准确方位修正点位图上的点位位置。

2. 调查、取样 向已确定采样田块的户主，按农户地块调查表格的内容逐项进行调查并认真填写。调查严格遵循实事求是的原则，对那些表述不清的农户，通过访问地力水平相当、位置基本一致的其他农户或对实物进行核对推算。采样主要采用“S”法，均匀随机采取15～20个采样点，充分混合后，四分法留取1千克组成一个土壤样品，并装入已准备好的土袋中。

3. 采样工具 主要采用不锈钢土钻，采样过程中努力保持土钻垂直，样点密度均匀，基本符合厚薄、宽窄、数量的均匀特征。

4. 采样深度 为0～20厘米耕作层土样。

5. 采样记录 填写两张标签，土袋内外各具1张，注明采样编号、采样地点、采样人、采样日期等。采样同时，填写大田采样点基本情况调查表和大田采样点农户调查表。

三、确定调查内容

根据《规范》要求，按照“测土配方施肥采样地块基本情况调查表”认真填写。这次调查的范围是基本农田保护区耕地和园地（包括蔬菜和其他经济作物田），调查内容主要有以下几个方面：一是与耕地地力评价相关的耕地自然环境条件、农田基础设施建设水平和土壤理化性状、耕地土壤障碍因素和土壤退化原因等；二是与农业结构调整密切相关的耕地土壤适宜性问题等；三是农户生产管理情况调查。

以上资料的获得，一是利用第二次土壤普查和土地利用详查等现有资料，通过收集整理而来；二是采用以点带面的调查方法，经过实地调查访问农户获得的；三是对所采集样品进行相关分析化验后取得；四是将所有有限的资料、农户生产管理情况调查资料、分析数据录入到计算机中，并经过矢量化处理形成数字化图件、插值，使每个地块均具有各种资料信息，以此来获取相关信息。这些资料和信息，对分析耕地地力评价与耕地质量评价结果及影响因素具有重要意义。如通过分析农户投入和生产管理对耕地地力土壤环境的影响，分析农民现阶段投入成本与耕地质量直接的关系，有利于提高成果的现实性，引起各级领导的关注。通过对每个地块资源的充实完善，可以从微观角度，对土、肥、气、热、水资源运行情况有更周密的了解，提出管理措施和对策，指导农民进行资源合理利用和分配。通过对全部信息资料的了解和掌握，可以宏观调控资源配置，合理调整农业产业结构，科学指导农业生产。

四、确定分析项目和方法

根据《规程》及《山西省耕地地力调查及质量评价实施方案》和《规范》规定，土壤质量调查样品检测项目为：pH、有机质、全氮、碱解氮、有效磷、速效钾、缓效钾、有效硫、有效铜、有效锌、有效铁、有效锰、水溶性硼 13 个项目。其分析方法均按全国统一规定的测定方法进行。

五、确定技术路线

侯马市耕地地力调查与质量评价所采用的技术路线见图 2-1。

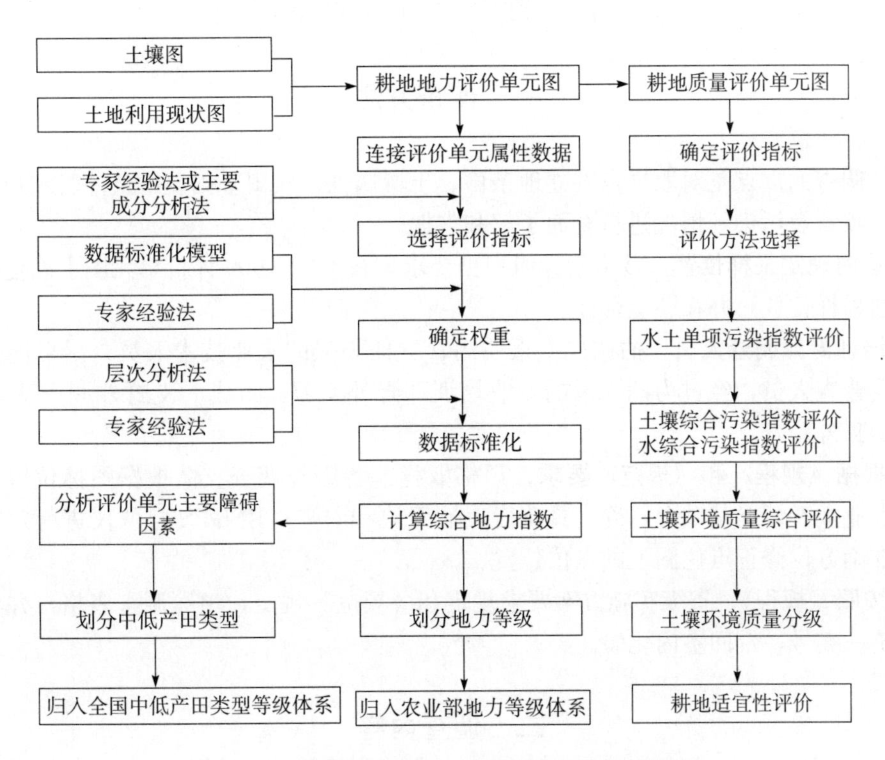

图 2-1　耕地地力调查与质量评价技术路线流程

1. 确定评价单元　利用基本农田保护区区划图、土壤图和土地利用现状图叠加的图斑为基本评价单元。相似相近的评价单元至少采集一个土壤样品进行分析，在评价单元图上连接评价单元属性数据库，用计算机绘制各评价因子图。

2. 确定评价因子　根据全国、省级耕地地力评价指标体系并通过农科教专家论证来选择侯马市区域耕地地力评价因子。

3. 确定评价因子权重　用模糊数学德尔菲法和层次分析法将评价因子标准数据化，并计算出每一评价因子的权重。

4. 数据标准化　选用隶属函数法和专家经验法等数据标准化方法，对评价指标进行数据标准化处理，对定性指标要进行数值化描述。

5. 综合地力指数计算 用各因子的地力指数累加得到每个评价单元的综合地力指数。

6. 划分地力等级 根据综合地力指数分布的累积频率曲线法或等距法，确定分级方案，并划分地力等级。

7. 归入全国耕地地力等级体系 依据《全国耕地类型区、耕地地力等级划分》（NY/T 309—1996），归纳整理各级耕地地力要素主要指标，结合专家经验，将各级耕地地力归入全国耕地地力等级体系。

8. 划分中低产田类型 依据《全国中低产田类型划分与改良技术规范》（NY/T 310—1996），分析评价单元耕地土壤主要障碍因素，划分并确定中低产田类型。

9. 耕地质量评价 用综合污染指数法评价耕地土壤环境质量。

第三节 野外调查及质量控制

一、调查方法

野外调查的重点是对取样点的立地条件、土壤属性、农田基础设施条件、农户栽培管理成本、收益及污染等情况进行全面了解和掌握。

1. 室内确定采样位置 技术指导组根据要求，在1∶10 000评价单元图上确定各类型采样点的采样位置，并在图上标注。

2. 培训野外调查人员 抽调技术素质高、责任心强的农业技术人员，尽可能抽调第二次土壤普查人员，经过为期3天的专业培训和野外实习，组成5支野外调查队，共20余人参加野外调查。

3. 根据《规程》和《规范》要求，严格取样 各野外调查支队根据图标位置，在了解农户农业生产情况基础上，确定具有代表性田块和农户，用GPS定位仪进行定位，依据田块准确方位修正点位图上的点位位置。

4. 按照《规程》、省级实施方案要求规定和《规范》规定，填写调查表格，并将采集的样品统一编号，带回室内化验。

二、调查内容

（一）基本情况调查项目

1. 采样地点和地块 地址名称采用民政部门认可的正式名称。地块采用当地的通俗名称。

2. 经纬度及海拔高度 由GPS定位仪进行测定。

3. 地形地貌 以形态特征划分为三大地貌类型，即山地、丘陵、平原。

4. 地形部位 指中小地貌单元。主要包括河漫滩、一级阶地、二级阶地、高阶地、坡地、山地、沟谷、洪积扇（上、中、下）、倾斜平原、河槽地、冲积平原。

5. 坡度 一般分为＜2.0°、2.1°～5.0°、5.1°～8.0°、8.1°～15.0°、15.1°～25.0°、

≥25.0°。

6. 侵蚀情况　按侵蚀种类和侵蚀程度记载，根据土壤侵蚀类型可划分为水蚀、风蚀、重力侵蚀、冻融侵蚀、混合侵蚀等，侵蚀程度通常分为无明显、轻度、中度、强度、极强度5级。

7. 潜水深度　指地下水深度，分为深位（3～5米）、中位（2～3米）、浅位（<2米）。

8. 家庭人口及耕地面积　指每个农户实有的人口数量和种植耕地面积（亩）。

（二）土壤性状调查项目

1. 土壤名称　统一按第二次土壤普查时的连续命名法填写，详细到土种。

2. 土壤质地　按国际制划分，全部样品均需采用手摸测定，质地分为：沙土、沙壤、壤轻、中壤、重壤、黏土6级。室内选取10%的样品采用比重计法（粒度分布仪法）测定。

3. 质地构型　指不同土层之间质地构造变化情况。一般可分为通体壤、通体黏、通体沙、黏夹沙、底沙、壤夹黏、多砾、少砾、夹砾、底砾等。

4. 耕层厚度　用铁锹垂直铲下去，用钢卷尺按实际测量进行确定。

5. 障碍层次及深度　主要指沙土、黏土、砾石、料姜等所发生的层位、层次及深度。

6. 土壤母质　按成因类型分为残积母质、黄土母质、洪积母质、黄土状母质、冲积母质等类型。

（三）农田设施调查项目

1. 地面平整度　按大范围地形坡度分为平整（<2°）、基本平整（2°～5°）、不平整（>5°）。

2. 梯田化水平　分为地面平坦、园田化水平高，地面基本平坦、园田化水平较高，高水平梯田，缓坡梯田，新修梯田，坡耕地6种类型。

3. 田间输水方式　分为管道、防渗渠道、土渠等。

4. 灌溉方式　分为漫灌、畦灌、沟灌、滴灌、喷灌、管灌等。

5. 灌溉保证率　分为充分满足、基本满足、一般满足、无灌溉条件4种情况或按灌溉保证率（%）计。

6. 排涝能力　分为强、中、弱3级。

（四）生产性能与管理情况调查项目

1. 种植（轮作）制度　分为一年一熟、一年两熟、两年三熟等。

2. 作物（蔬菜）种类与产量　指调查地块上年度主要种植作物及其平均产量。

3. 耕翻方式及深度　指翻耕、旋耕、耙地、耱地、中耕等。

4. 秸秆还田情况　分翻压还田、覆盖还田等。

5. 设施类型棚龄或种菜年限　分为薄膜覆盖、塑料拱棚、温室等，棚龄以正式投产算起。

6. 上年度灌溉情况　包括灌溉方式、灌溉次数、年灌水量、水源类型、灌溉费用等。

7. 年度施肥情况　包括有机肥、氮肥、磷肥、钾肥、复合（混）肥、微肥、叶面肥、微生物肥及其他肥料施用情况，有机肥要注明类型，化肥指纯养分。

8. 上年度生产成本　包括化肥、有机肥、农药、农膜、种子（种苗）、机械人工及其他。

9. 上年度农药使用情况 农药作用次数、品种、数量。

10. 产品销售及收入情况。

11. 作物品种及种子来源。

12. 蔬菜效益 指当年纯收益。

三、采样数量

在侯马市 150 064 亩耕地上，共采集大田土壤样品 3 500 个。

四、采样控制

野外调查采样是此次调查评价的关键。既要考虑采样代表性、均匀性，也要考虑采样的典型性。根据本市的区划划分特征，分别在全市 5 个乡、街道办事处，不同作物类型、不同地力水平的农田严格按照《规程》和《规范》要求均匀布点，并按图标布点实地核查后进行定点采样。在工矿周围农田质量调查方面，重点对使用工业水浇灌的农田以及大气污染较重的企业等附近农田进行采样。整个采样过程严肃认真，达到了《规程》要求，保证了调查采样质量。

第四节　样品分析及质量控制

一、分析项目及方法

（1）pH：土液比 1∶2.5，采用电位法测定。

（2）有机质：采用油浴加热重铬酸钾氧化容量法测定。

（3）全磷：采用氢氧化钠熔融——钼锑抗比色法测定。

（4）有效磷：采用碳酸氢钠或氟化铵—盐酸浸提——钼锑抗比色法测定。

（5）全钾：采用氢氧化钠熔融——火焰光度计或原子吸收分光光度法测定。

（6）速效钾：采用乙酸铵浸提——火焰光度计或原子吸收分光光度法测定。

（7）全氮：采用凯氏蒸馏法测定。

（8）碱解氮：采用碱解扩散法测定。

（9）缓效钾：采用硝酸提取——火焰光度法测定。

（10）有效铜、锌、铁、锰：采用 DTPA 提取——原子吸收光谱法测定。

（11）有效钼：采用草酸—草酸铵浸提——极谱法测定。

（12）水溶性硼：采用沸水浸提——甲亚胺—H 比色法或姜黄素比色法测定。

（13）有效硫：采用磷酸盐—乙酸或氯化钙浸提——硫酸钡比浊法测定。

（14）有效硅：采用柠檬酸浸提——硅钼蓝色比色法测定。

（15）交换性钙和镁：采用乙酸铵提取——原子吸收光谱法测定。

（16）阳离子交换量：采用 EDTA——乙酸铵盐交换法测定。

二、分析测试质量控制

分析测试质量主要包括野外调查取样后样品风干、处理与实验室分析化验质量，其质量的控制是调查评价的关键。

（一）样品风干及处理

常规样品如大田样品，及时放置在干燥、通风、卫生、无污染的室内风干，风干后送化验室处理。

将风干后的样品平铺在制样板上，用木棍或塑料棍碾压，并将植物残体、石块等侵入体和新生体剔除干净。细小已断的植物须根，可采用静电吸附的方法清除。压碎的土样用2毫米孔径筛过筛，未通过的土粒重新碾压，直至全部样品通过2毫米孔径筛为止。通过2毫米孔径筛的土样可供pH、盐分、交换性能及有效养分等项目的测定。

将通过2毫米孔径筛的土样用四分法取出一部分继续碾磨，使之全部通过0.25毫米孔径筛，供有机质、全氮、碳酸钙含量等项目的测定。

用于微量元素分析的土样，其处理方法同一般化学分析样品，但在采样、风干、研磨、过筛、运输、储存等诸环节都要特别注意，不要接触容易造成样品污染的铁、铜等金属器具。采样、制样推荐使用不锈钢、木、竹或塑料工具，过筛使用尼龙网筛等。通过2毫米孔径尼龙筛的样品可用于测定土壤有效态微量元素。

将风干土样反复碾碎，用2毫米孔径筛过筛。留在筛上的碎石称量后保存，同时将过筛的土壤称重，计算石砾质量分数。将通过2毫米孔径筛的土样混匀后盛于广口瓶内，用于颗粒分析及其他物理性质测定。若风干土样中有铁锰结核、石灰结核、铁子或半风化体，不能用木棍碾碎，应首先将其细心捡出称量保存，然后再进行碾碎。

（二）实验室质量控制

1. 在测试前采取的主要措施

（1）按《规程》要求制订了周密的采样方案，尽量减少采样误差（把采样作为分析检验的一部分）。

（2）正式开始分析前，对检验人员进行了为期2周的培训：对监测项目、监测方法、操作要点、注意事项一一进行培训，并进行了质量考核，为检验人员掌握了解项目分析技术、提高业务水平、减少误差等奠定了基础。

（3）收样登记制度：制定了收样登记制度，将收样时间、制样时间、处理方法与时间、分析时间一一登记，并在收样时确定样品统一编码、野外编码及标签等，从而确保了样品的真实性和整个过程的完整性。

（4）测试方法确认（尤其是同一项目有几种检测方法时）：根据实验室现有条件、要求规定及分析人员掌握情况等确定最终采取的分析方法。

（5）测试环境确认：为减少系统误差，对实验室温湿度、试剂、用水、器皿等一一检验，保证其符合测试条件。对有些相互干扰的项目，将其分开在不同的实验室进行分析。

（6）检测用仪器设备及时进行计量检定，定期进行运行状况检查。

2. 在检测中采取的主要措施

（1）仪器使用实行登记制度，并及时对仪器设备进行检查维修和调整。

（2）严格执行项目分析标准或规程，确保测试结果的准确性。

（3）坚持平行试验、必要的重现性试验，控制精密度，减少随机误差。

每个项目开始分析时每批样品均须做100%平行样品，结果稳定后，平行次数减少50%，最少保证做10%～15%平行样品。每个化验人员都自行编入明码样做平行测定，质控员还编入10%密码样进行质量控制。

平行双样测定结果的误差在允许的范围之内为合格，平行双样测定全部不合格者，该批样品须重新测定。平行双样测定合格率<95%时，除要对不合格的重新测定外，还须再增加10%～20%的平行测定率，直到总合格率达95%。

（4）坚持带质控样进行测定：

①与标准样对照：分析中，每批次携带标准样品10%～20%，在测定的精密度合格的前提下，标准样测定值在标准保证值（95%的置信水平）范围的为合格，否则本批结果无效，重新进行分析测定。

②加标回收法：对灌溉水样由于无标准物质或质控样品，采用加标回收试验来测定准确度。

加标率：在每批样品中，随机抽取10%～20%试样进行加标回收测定。

加标量：被测组分的总量不得超出方法的测定上限。加标浓度宜高，体积应小，不应超过原定试样体积的1%。

加标回收率在90%～110%范围内的为合格。

$$回收率(\%)=\frac{测得总量-样品含量}{标准加入量}\times 100$$

根据回收率大小，也可判断是否存在系统误差。

（5）注重空白试验：全程空白值是指用某一方法测定某物质时，除样品中不含该物质外，整个分析过程中引起的信号值或相应浓度值。它包含了试剂、蒸馏水中杂质带来的干扰，将其从待测试样的测定值中扣除，可消除上述因素带来的系统误差。如果空白值过高，则要找出原因，采取其他措施（如提纯试剂、更新试剂、更换容器等）加以消除。保证每批次样品做2个以上空白样，并在整个项目开始前按要求做全程序空白测定，每次做2个平行空白样，连测5天共得10个测定结果，计算批内标准偏差 S_{wb}。

$$S_{wb}=[\sum(X_i-X_{平})^2/m(n-1)]^{1/2}$$

式中：n ——每天测定平均样个数；

m——测定天数。

（6）做好校准曲线：比色分析中标准系列保证设置6个以上浓度点。根据浓度和吸光值按一元线性回归方程 $Y=a+bX$ 计算其相关系数。

式中：Y ——吸光度；

X——待测液浓度；

a ——截距；

b ——斜率。

要求标准曲线相关系数 r≥0.999。

校准曲线控制：①每批样品皆需做校准曲线。②标准曲线力求 r≥0.999，且有良好重现性；③大批量分析时每测 10～20 个样品要用一标准液校验，并检查仪器状况。④待测液浓度超标时不能任意外推。

（7）用标准物质校核实验室的标准滴定溶液：标准物质的作用是校准。对测量过程中使用的基准纯、优级纯的试剂进行校验。校准合格才准用，确保量值准确。

（8）详细、如实记录测试过程，使检测条件可再现、检测数据可追溯：对测量过程中出现的异常情况也及时记录，及时查找原因。

（9）认真填写测试原始记录，测试记录做到如实、准确、完整、清晰：记录的填写、更改均制定了相应的制度和程序。当测试由一人读数一人记录时，记录人员应复读多次所记的数字，减少误差发生。

3. 检测后主要采取的技术措施

（1）加强原始记录校核、审核，实行“三审三校”制度，对发现的问题及时研究、解决，或召开质量分析会，达成共识。

（2）运用质量控制图预防质量事故发生：对运用均值一极差控制图的判断，参照《质量专业理论与实践》中的判断标准。对控制样品进行多次重复测定，由所得结果计算出控制样的平均值 X 及标准差 S（或极差 R），就可绘制均值—标准差控制图（或均值—极差控制图），纵坐标为测定值，横坐标为获得数据的顺序。将均值 X 作成与横坐标平行的中心级 CL，$X \pm 3S$ 为上下警戒限 UCL 及 LCL，$X \pm 2S$ 为上下警戒限 UWL 及 LWL，在进行试样列行分析时，每批带入控制样，根据差异判异准则进行判断。如果在控制限之外，该批结果为全部错误结果，则必须查出原因，采取措施，加以消除，除“回控”后再重复测定，并控制不再出现，如果控制样的结果落在控制限和警戒限之间，说明精密度已不理想，应引起注意。

（3）控制检出限：检出限是指对某一特定的分析方法在给定的置信水平内，可以从样品中检测的待测物质的最小浓度或最小量。根据空白测定的批内标准偏差（S_{wb}）按下列公式计算检出限（95%的置信水平）。

①若试样一次测定值与零浓度试样一次测定值有显著性差异时，检出限（L）按下列公式计算：

$$L = 2 \times 2^{1/2} t_f S_{wb}$$

式中：L ——方法检出限；

t_f ——显著水平为 0.05（单侧）、自由度为 f 的 t 值；

S_{wb}——批内空白值标准偏差；

f ——批内自由度，$f=m(n-1)$，m 为重复测定次数，n 为平行测定次数。

②原子吸收分析方法中检出限计算：$L=3S_{wb}$。

③分光光度法以扣除空白值后的吸光值为 0.010 相对应的浓度值为检出限。

（4）及时对异常情况处理：

①异常值的取舍：对检测数据中的异常值，按 GB 4883 标准规定采用 Grubbs 法或 Dixon 法加以判断处理。

②因外界干扰（如停电、停水），检测人员应终止检测，待排除干扰后重新检测，并

记录干扰情况。当仪器出现故障时，故障排除后校准合格的，方可重新检测。

（5）使用计算机采集、处理、运算、记录、报告、存储检测数据时，应制定相应的控制程序。

（6）检验报告的编制、审核、签发：检验报告是实验工作的最终结果，是试验室的产品，因此对检验报告质量要高度重视。检验报告应做到完整、准确、清晰、结论正确。必须坚持三级审核制度，明确制表、审核、签发的职责。

除此之外，为保证分析化验质量，提高实验室之间分析结果的可比性，山西省土壤肥料工作站抽查5%～10%样品在省测试中心进行复核，并编制密码样，对实验室进行质量监督和控制。

4. 技术交流 在分析过程中，发现问题及时交流，改进方法，不断提高技术水平。

5. 数据录入 分析数据按规程和方案要求审核后编码整理，和采样点一一对照，确认无误后进行录入。采取双人录入相互对照的方法，保证录入正确率。

第五节 评价依据、方法及评价标准体系的建立

一、评价原则依据

由山西省土壤肥料工作站领导，协同山西农业大学资源环境学院相关专家，经临汾市土壤肥料工作站以及侯马市土壤肥料工作站相关技术人员评议，侯马市确定了五大因素10个因子为耕地地力评价指标。

1. 立地条件 指耕地土壤的自然环境条件，它包含与耕地和质量直接相关的地貌类型及地形部位、成土母质、地面坡度等。

（1）地貌类型及其特征描述：侯马市由平原到山地垂直分布的主要地形地貌有河流及河谷冲积平原（河漫滩、一级阶地、二级阶地），山前倾斜平原（洪积扇上、中、下等），丘陵（梁地、坡地等）和山地（石质山、土石山等）。

（2）成土母质及其主要分布：在侯马市耕地上分布的母质类型有洪积物、河流冲积物、残积物、离石黄土、黄土状冲积物（丘陵及山前倾斜平原区）。

（3）地面坡度：地面坡度反映水土流失程度，直接影响耕地地力，侯马市的耕地依坡度大小分成6级（＜2.0°、2.1°～5.0°、5.1°～8.0°、8.1°～15.0°、15.1°～25.0°、≥25.0°）进入地力评价系统。

2. 土体构型 指土壤剖面中不同土层间质地构造变化情况，直接反映土壤发育及障碍层次，影响根系发育、水肥保持及有效供给，主要为耕层厚度。

耕层厚度：按其厚度（厘米）深浅从高到低依次分为6级（＞30、26～30、21～25、16～20、11～15、≤10）进入地力评价系统。

3. 较稳定的理化性状（耕层质地、有机质、盐渍化和pH）

①耕层质地：影响水肥保持及耕作性能。按卡庆斯基制的6级划分体系来描述，分别为沙土、沙壤、轻壤、中壤、重壤、黏土。

②有机质：土壤肥力的重要指标，直接影响耕地地力水平。按其含量（克/千克）从

高到低依次分为 6 级（>25.00、20.01～25.00、15.01～20.00、10.01～5.00、5.01～10.00、≤5.00）进入地力评价系统。

③pH：过大或过小，作物生长发育均受抑。按照侯马市耕地土壤的 pH 范围，按其测定值由低到高依次分为 6 级（6.0～7.0、7.0～7.9、7.9～8.5、8.5～9.0、9.0～9.5、≥9.5）进入地力评价系统。

4. 易变化的化学性状（有效磷、速效钾）

①有效磷：按其含量（毫克/千克）从高到低依次分为 6 级（>25.00、20.1～25.00、15.1～20.00、10.1～15.00、5.1～10.00、≤5.00）进入地力评价系统。

②速效钾：按其含量（毫克/千克）从高到低依次分为 6 级（>200、151～200、101～150、81～100、51～80、≤50）进入地力评价系统。

5. 农田基础设施条件　灌溉保证率：指降水不足时的有效补充程度，是提高作物产量的有效途径，分为充分满足，可随时灌溉；基本满足，在关键时期可保证灌溉；一般满足，大旱之年不能保证灌溉；无灌溉条件 4 种情况。

二、评价方法及流程

1. 技术方法

（1）文字评述法：对一些概念性的评价因子（如地形部位、土壤母质、质地构型、质地、梯田化水平、盐渍化程度等）进行定性描述。

（2）专家经验法（德尔菲法）：在山西省农科教系统邀请土肥界具有一定学术水平和农业生产实践经验的 25 名专家，参与评价因素的筛选和隶属度确定（包括概念型和数值型评价因子的评分），见表 2-1。

表 2-1　侯马市耕地地力评价数字型因子评分

因　子	平均值	众数值	建议值
立地条件（C_1）	1.0	1 (17)	1
土体构型（C_2）	3.3	3 (15) 5 (3)	3
较稳定的理化性状（C_3）	3.8	3 (13) 5 (10)	4
易变化的化学性状（C_4）	4.7	5 (13) 4 (6)	5
农田基础建设（C_5）	1.0	1 (17)	1
地形部位（A_1）	1.2	1 (20) 2 (5)	1
成土母质（A_2）	3.4	4 (9) 3 (12)	3
地面坡度（A_3）	2.3	2 (14) 3 (7)	2
耕层厚度（A_4）	2.7	3 (17) 2 (5)	3
耕层质地（A_5）	3.4	3 (13) 4 (7)	3
有机质（A_6）	3.7	4 (14) 3 (6)	4
pH（A_7）	5.0	3 (10) 7 (10)	5
有效磷（A_8）	3.0	3 (21)	3
速效钾（A_9）	2.7	3 (16) 1 (10)	4
灌溉保证率（A_{10}）	1.4	1 (10) 2 (7)	1

（3）模糊综合评判法：应用这种数理统计的方法对数值型评价因子（如地面坡度、有效土层厚度、耕层厚度、土壤容重、有机质、有效磷、速效钾、酸碱度、灌溉保证率等）进行定量描述，即利用专家给出的评分（隶属度）建立某一评价因子的隶属函数，见表2-2。

表 2-2　侯马市耕地地力评价数字型因子分级及其隶属度

评价因子	量纲	1级 量值	2级 量值	3级 量值	4级 量值	5级 量值	6级 量值
地面坡度	°	＜2.0	2.0～5.0	5.1～8.0	8.1～15.0	15.1～25.0	≥25
耕层厚度	厘米	＞30	26～30	21～25	16～20	11～15	≤10
有机质	克/千克	＞25.0	20.01～25.00	15.01～20.00	10.01～15.00	5.01～10.00	≤5.00
pH		6.7～7.0	7.1～7.9	8.0～8.5	8.6～9.0	9.1～9.5	≥9.5
有效磷	毫克/千克	＞25.0	20.1～25.0	15.1～20.0	10.1～15.0	5.1～10.0	≤5.0
速效钾	毫克/千克	＞200	151～200	101～150	81～100	51～80	≤50
灌溉保证率		充分满足	基本满足	基本满足	一般满足	无灌溉条件	

（4）层次分析法：用于计算各参评因子的组合权重。本次评价，把耕地生产性能（即耕地地力）作为目标层（G层），把影响耕地生产性能的立地条件、土体构型、较稳定的理化性状、易变化的化学性状、农田基础设施条件作为准则层（C层），再把影响准则层中各因素的项目作为指标层（A层），建立耕地地力评价层次结构图。在此基础上，由专家分别对不同层次内各参评因素的重要性作出判断，构造出不同层次间的判断矩阵。最后计算出各评价因子的组合权重。

（5）指数和法：采用加权法计算耕地地力综合指数，即将各评价因子的组合权重与相应的因素等级分值（即由专家经验法或模糊综合评判法求得的隶属度）相乘后累加，如：

$$IFI = \sum B_i \times A_i (i = 1,2,3,\cdots,15)$$

式中：IFI ——耕地地力综合指数；

B_i ——第 i 个评价因子的等级分值；

A_i ——第 i 个评价因子的组合权重。

2. 技术流程

（1）应用叠加法确定评价单元：把基本农田保护区规划图与土地利用现状图、土壤图叠加形成的图斑作为评价单元。

（2）空间数据与属性数据的连接：用评价单元图分别与各个专题图叠加，为每一评价单元获取相应的属性数据。根据调查结果，提取属性数据进行补充。

（3）确定评价指标：根据全国耕地地力调查评价指数表，由山西省土壤肥料工作站组织专家，采用德尔菲法和模糊综合评判法确定侯马市耕地地力评价因子及其隶属度。

（4）应用层次分析法确定各评价因子的组合权重。

（5）数据标准化：计算各评价因子的隶属函数，对各评价因子的隶属度数值进行标准化。

（6）应用累加法计算每个评价单元的耕地地力综合指数。

（7）划分地力等级：分析综合地力指数分布，确定耕地地力综合指数的分级方案，划分地力等级。

（8）归入农业部地力等级体系：选择10%的评价单元，调查近3年粮食单产（或用基础地理信息系统中已有资料），与以粮食作物产量为引导确定的耕地基础地力等级进行相关分析，找出两者之间的对应关系，将评价的地力等级归入农业部确定的等级体系（NY/T 309—1996　全国耕地类型区、耕地地力等级划分）。

（9）采用GIS、GPS系统编绘各种养分图和地力等级图等图件。

三、评价标准体系建立

1. 耕地地力要素的层次结构　耕地地力要素的层次结构见图2-2。

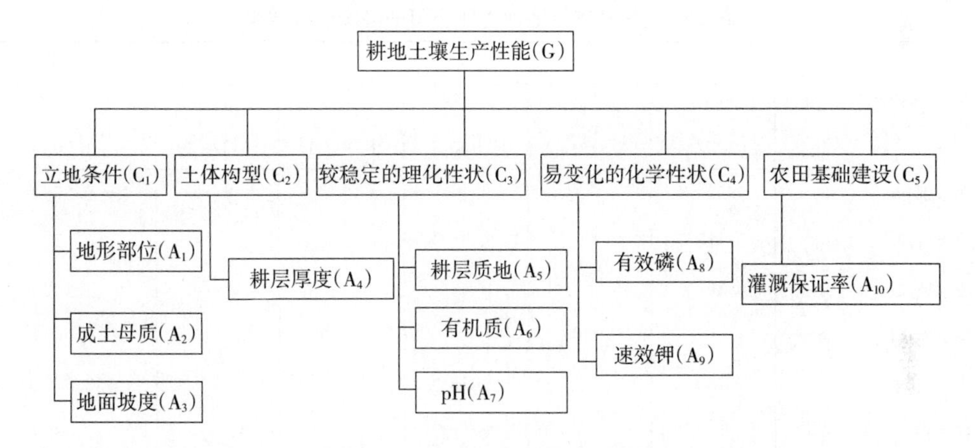

图2-2　耕地地力要素层次结构

2. 耕地地力要素的隶属度

（1）概念性评价因子：各评价因子的隶属度及其描述见表2-3。

表2-3　侯马市耕地地力评价概念性因子隶属度及其描述

因子	项目													
地形部位	描述	河漫滩	一级阶地	二级阶地	高阶地	垣地	洪积扇（上、中、下）			倾斜平原	梁地	峁地	坡麓	沟谷
	隶属度	0.7	1.0	0.9	0.7	0.4	0.4	0.6	0.8	0.8	0.2	0.2	0.1	0.6
母质类型	描述	黄土状母质	黄土母质	残积物	洪积物	冲积物	沟淤物							
	隶属度	0.7	0.9	1.0	0.2	0.3	0.5							
耕层质地	描述	沙土	沙壤	轻壤	中壤	重壤	黏土							
	隶属度	0.2	0.6	0.8	1.0	0.8	0.4							
灌溉保证率	描述	充分满足	基本满足	一般满足	无灌溉条件									
	隶属度	1.0	0.7	0.4	0.1									

（2）数值型评价因子：各评价因子的隶属函数（经验公式）见表2-4。

表 2-4 侯马市耕地地力评价数值型因子隶属函数

函数类型	评价因子	经验公式	C	U_t
戒下型	地面坡度（°）	$y=1/[1+6.492\times10^{-3}\times(u-c)^2]$	3.0	≥25
戒上型	耕层厚度（厘米）	$y=1/[1+4.057\times10^{-3}\times(u-c)^2]$	33.8	≤10
戒上型	有机质（克/千克）	$y=1/[1+2.912\times10^{-3}\times(u-c)^2]$	28.4	≤5.00
戒下型	pH	$y=1/[1+0.5156\times(u-c)^2]$	7.00	≥9.50
戒上型	有效磷（毫克/千克）	$y=1/[1+3.035\times10^{-3}\times(u-c)^2]$	28.8	≤5.00
戒上型	速效钾（毫克/千克）	$y=1/[1+5.389\times10^{-5}\times(u-c)^2]$	228.76	≤50

3. 耕地地力要素的组合权重 应用层次分析法所计算的各评价因子的组合权重见表2-5。

表 2-5 侯马市耕地地力评价因子层次分析结果

指标层	准则层					组合权重
	C_1	C_2	C_3	C_4	C_5	$\sum C_iA_i$
	0.457 2	0.079 3	0.143 2	0.137 1	0.183 2	1.000 0
A_1地形部位	0.559 8					0.255 9
A_2成土母质	0.172 5					0.078 9
A_3地面坡度	0.267 6					0.122 3
A_4耕层厚度		1.000 0				0.079 3
A_5耕层质地			0.468 0			0.067 1
A_6有机质			0.272 3			0.039 0
A_7pH			0.259 7			0.037 2
A_8有效磷				0.698 1		0.095 7
A_9速效钾				0.301 9		0.041 4
A_{10}灌溉保证率					1.000 0	0.183 2

第六节 耕地资源管理信息系统建立

一、耕地资源管理信息系统的总体设计

耕地资源信息系统以一个县行政区域内耕地资源为管理对象，应用GIS技术对辖区内的地形、地貌、土壤、土地利用、农田水利、土壤污染、农业生产基本情况、基本农田保护区等资料进行统一管理，构建耕地资源基础信息系统，并将此数据平台与各类管理模型结合，对辖区内的耕地资源进行系统的动态管理，为农业决策者、农民和农业技术人员提供耕地质量动态变化、土壤适宜性、施肥咨询、作物营养诊断等多方

位的信息服务。

本系统行政单元为村，农田单元为基本农田保护块，土壤单元为土种，系统基本管理单元为土壤、基本农田保护块、土地利用现状叠加所形成的评价单元。

1. 系统结构　耕地资源管理信息系统结构见图 2-3。

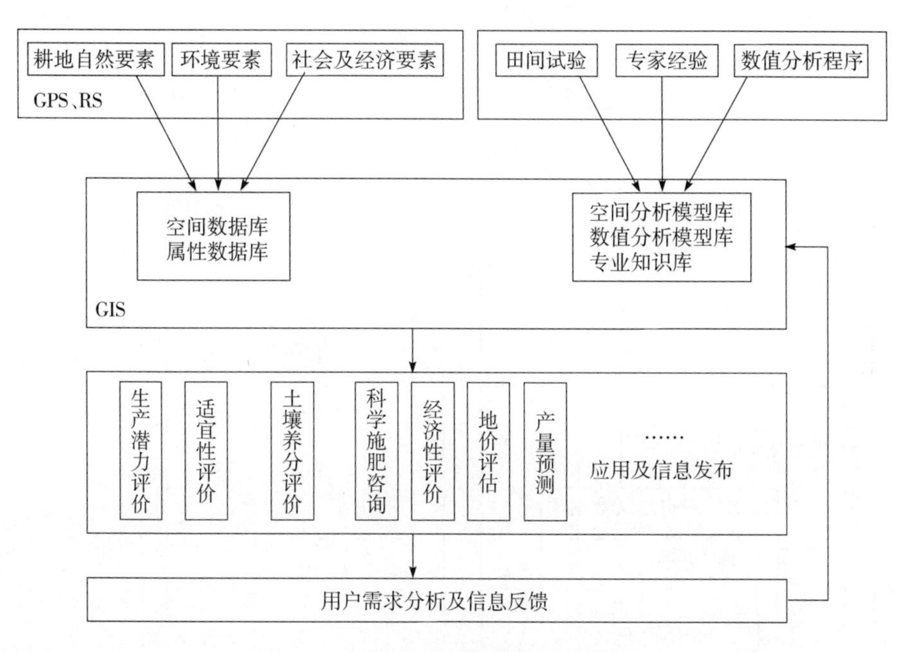

图 2-3　耕地资源管理信息系统结构

2. 区域耕地资源管理信息系统建立工作流程　区域耕地资源管理信息系统建立工作流程见图 2-4。

3. CLRMIS、硬件配置

（1）硬件：P5 及其兼容机，≥2G 的内存，≥250G 硬盘，≥512 的显存，A4 扫描仪，彩色喷墨打印机。

（2）软件：Windows XP，Excel 2003 等。

二、资料收集与整理

（一）图件资料收集与整理

图件资料指印刷的各类地图、专题图以及商品数字化矢量和栅格图。图件比例尺为 1∶50 000 和 1∶10 000。

（1）地形图：统一采用中国人民解放军总参谋部测绘局测绘的地形图。由于近年来公路、水系、地形地貌等变化较大，因此采用水利、公路、规划、国土等部门的有关最新图件资料对地形图进行修正。

（2）行政区划图：由于近年撤乡并镇等工作致使部分地区行政区划变化较大，因此按最新行政区划进行修正，同时注意名称、拼音、编码等的一致。

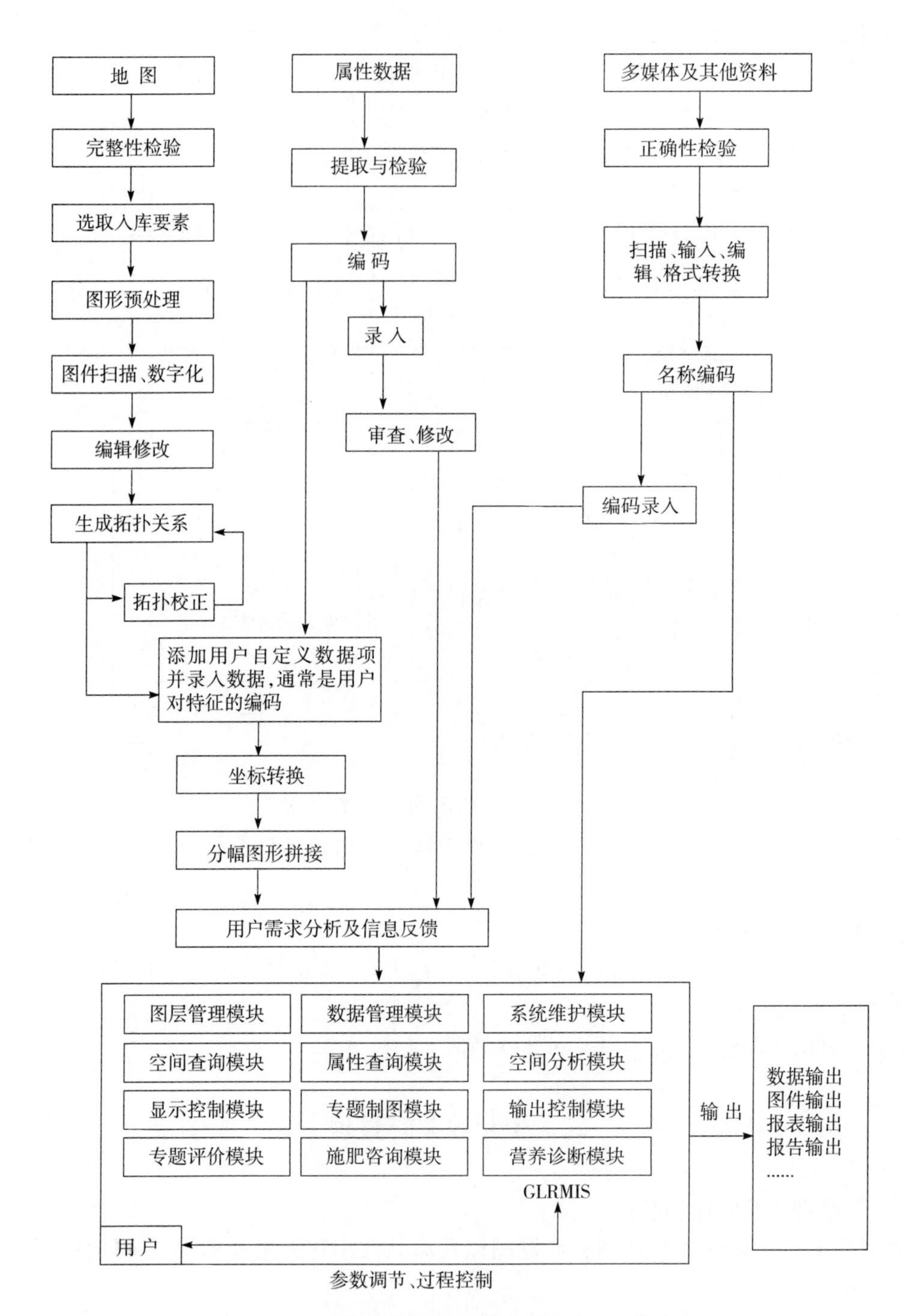

图 2－4　区域耕地资源管理信息系统建立工作流程

（3）土壤图及土壤养分图：采用第二次土壤普查成果图。

（4）地貌类型分区图：根据地貌类型将辖区内农田分区，采用第二次土壤普查分类系统绘制成图。

（5）土地利用现状图：现有的土地利用现状图（第二次土地调查数据库）。

（6）主要污染源点位图：调查本地可能对水体、大气、土壤形成污染的矿区、工厂等，并确定污染类型及污染强度，在地形图上准确标明位置及编号。

（7）土壤肥力监测点点位图：在地形图上标明准确位置及编号。

（8）土壤普查土壤采样点点位图：在地形图上标明准确位置及编号。

（二）数据资料收集与整理

（1）基本农田保护区一级、二级地块登记表，国土局基本农田划定资料。

（2）其他有关基本农田保护区划定统计资料，国土局基本农田划定资料。

（3）近几年粮食单产、总产、种植面积统计资料（以村为单位）。

（4）其他农村及农业生产基本情况资料。

（5）历年土壤肥力监测点田间记载及化验结果资料。

（6）历年肥情点资料。

（7）县、乡、村名编码表。

（8）近几年土壤、植株化验资料（土壤普查、肥力普查等）。

（9）近几年主要粮食作物、主要品种产量构成资料。

（10）各乡历年化肥销售、使用情况。

（11）土壤志、土种志。

（12）特色农产品分布、数量资料。

（13）当地农作物品种及特性资料，包括各个品种的全生育期、大田生产潜力、最佳播期、移栽期、播种量、栽插密度、百千克籽粒需氮量、需磷量、需钾量等及品种特性介绍。

（14）一元、二元、三元肥料肥效试验资料，计算不同地区、不同土壤、不同作物品种的肥料效应函数。

（15）不同土壤、不同作物基础地力产量占常规产量比例资料。

（三）文本资料收集与整理

（1）全市及各乡（镇）基本情况描述。

（2）各土种性状描述，包括其发生、发育、分布、生产性能、障碍因素等。

（四）多媒体资料收集与整理

（1）土壤典型剖面照片。

（2）土壤肥力监测点景观照片。

（3）当地典型景观照片。

（4）特色农产品介绍（文字、图片）。

（5）地方介绍资料（图片、录像、文字、音乐）。

三、属性数据库建立

（一）属性数据内容

主要属性数据内容见表 2－6。

表 2-6　CLRMIS 主要属性资料及其来源

编号	名　称	来　源
1	湖泊、面状河流属性表	水务局
2	堤坝、渠道、线状河流属性数据	水务局
3	交通道路属性数据	交通局
4	行政界线属性数据	农业局
5	耕地及蔬菜地灌溉水、回水分析结果数据	农业局
6	土地利用现状属性数据	国土局、卫星图片解译
7	土壤、植株样品分析化验结果数据表	本次调查资料
8	土壤名称编码表	土壤普查资料
9	土种属性数据表	土壤普查资料
10	基本农田保护块属性数据表	国土局
11	基本农田保护区基本情况数据表	国土局
12	地貌、气候属性表	土壤普查资料
13	区乡村名编码表	统计局

(二) 属性数据分类与编码

数据的分类编码是对数据资料进行有效管理的重要依据。编码的主要目的是节省计算机内存空间，便于用户理解使用。地理属性进入数据库之前进行编码是必要的，只有进行了正确的编码空间数据库与属性数据库才能实现正确连接。编码格式有英文字母与数字组合。本系统主要采用数字表示的层次型分类编码体系，它能反映专题要素分类体系的基本特征。

(三) 建立编码字典

数据字典是数据库应用设计的重要内容，是描述数据库中各类数据及其组合的数据集合，也称为元数据。地理数据库的数据字典主要用于描述属性数据，它本身是一个特殊用途的文件，在数据库整个生命周期里都起着重要的作用。它避免了重复数据项的出现，并提供了查询数据的唯一入口。

(四) 数据库结构设计

属性数据库的建立与录入可独立于空间数据库和 GIS 系统，可以在 Access、dBase、Foxbase 和 Foxpro 下建立，最终统一以 dBase 的 dbf 格式保存入库。下面以 dBase 的 dbf 数据库为例进行描述。

1. 湖泊、面状河流属性数据库 lake. dbf

字段名	属性	数据类型	宽度	小数位	量纲
lacode	水系代码	N	4	0	代码
laname	水系名称	C	20		
lacontent	湖泊储水量	N	8	0	万米^3
laflux	河流流量	N	6		米^3/秒

2. 堤坝、渠道、线状河流属性数据 stream. dbf

字段名	属性	数据类型	宽度	小数位	量纲
ricode	水系代码	N	4	0	代码
riname	水系名称	C	20		
riflux	河流、渠道流量	N	6		米³/秒

3. 交通道路属性数据库 traffic. dbf

字段名	属性	数据类型	宽度	小数位	量纲
rocode	道路编码	N	4	0	代码
roname	道路名称	C	20		
rograde	道路等级	C	1		
rotype	道路类型	C	1		（黑色/水泥/石子/土）

4. 行政界线（省、市、县、乡、村）属性数据库 boundary. dbf

字段名	属性	数据类型	宽度	小数位	量纲
adcode	界线编码	N	1	0	代码
adname	界线名称	C	4		

adcode	name
1	国界
2	省界
3	市界
4	县界
5	乡界
6	村界

5. 土地利用现状属性数据库* landuse. dbf

*土地利用现状分类表。

字段名	属性	数据类型	宽度	小数位	量纲
lucode	利用方式编码	N	2	0	代码
luname	利用方式名称	C	10		

6. 土种属性数据表* soil. dbf

*土壤系统分类表。

字段名	属性	数据类型	宽度	小数位	量纲
sgcode	土种代码	N	4	0	代码
stname	土类名称	C	10		
ssname	亚类名称	C	20		
skname	土属名称	C	20		
sgname	土种名称	C	20		
pamaterial	成土母质	C	50		
profile	剖面构型	C	50		

土种典型剖面有关属性数据：

text	剖面照片文件名	C	40
picture	图片文件名	C	50
html	HTML 文件名	C	50
video	录像文件名	C	40

7. 土壤养分（pH、有机质、全氮等）**属性数据库 nutr＊＊＊＊.dbf** 本部分由一系列的数据库组成，视实际情况不同有所差异，如在盐碱土地区还包括盐分含量及离子组成等。

（1）pH 库 nutrpH. dbf：

字段名	属性	数据类型	宽度	小数位	量纲
code	分级编码	N	4	0	代码
number	pH	N	4	1	

（2）有机质库 nutrom. dbf：

字段名	属性	数据类型	宽度	小数位	量纲
code	分级编码	N	4	0	代码
number	有机质含量	N	5	2	百分含量

（3）全氮量库 nutrN. dbf：

字段名	属性	数据类型	宽度	小数位	量纲
code	分级编码	N	4	0	代码
number	全氮含量	N	5	3	百分含量

（4）速效养分库 nutrP. dbf：

字段名	属性	数据类型	宽度	小数位	量纲
code	分级编码	N	4	0	代码
number	速效养分含量	N	5	3	毫克/千克

8. 基本农田保护块属性数据库 farmland. dbf

字段名	属性	数据类型	宽度	小数位	量纲
plcode	保护块编码	N	7	0	代码
plarea	保护块面积	N	4	0	亩
cuarea	其中耕地面积	N	6		
eastto	东至	C	20		
westto	西至	C	20		
sourthto	南至	C	20		
northto	北至	C	20		
plperson	保护责任人	C	6		
plgrad	保护级别	N	1		

9. 地貌、气候属性表* landform. dbf

＊地貌类型编码表。

字段名	属性	数据类型	宽度	小数位	量纲
landcode	地貌类型编码	N	2	0	代码

landname	地貌类型名称	C	10
rain	降水量	C	6

10. 基本农田保护区基本情况数据表　（略）

11. 县、乡、村名编码表

字段名	属性	数据类型	宽度	小数位	量纲
vicodec	单位编码—县内	N	5	0	代码
vicoden	单位编码—统一	N	11		
viname	单位名称	C	20		
vinamee	名称拼音	C	30		

（五）数据录入与审核

数据录入前仔细审核，数值型资料注意量纲、上下限，地名应注意汉字多音字、繁简体、简全称等问题，审核定稿后再录入。录入后仔细检查，保证数据录入无误后，将数据库转为规定的格式（dBase 的 dbf 文件格式文件），再根据数据字典中的文件名编码命名后保存在规定的子目录下。

文字资料以 TXT 格式命名保存，声音、音乐以 WAV 或 MID 文件保存，超文本以 HTML 格式保存，图片以 BMP 或 GPJ 格式保存，视频以 AVI 或 MPG 格式保存，动画以 GIF 格式保存。这些文件分别保存在相应的子目录下，其相对路径和文件名录入相应的属性数据库中。

四、空间数据库建立

（一）数据采集的工艺流程

在耕地资源数据库建设中，数据采集的精度直接关系到现状数据库本身的精度和今后的应用，数据采集的工艺流程是关系到耕地资源信息管理系统数据库质量的重要基础工作。因此对数据的采集制定了一个详尽的工艺流程。首先，对收集的资料进行分类检查、整理与预处理；其次，按照图件资料介质的类型进行扫描，并对扫描图件进行扫描校正；再次，进行数据的分层矢量化采集、矢量化数据的检查；最后，对矢量化数据进行坐标投影转换与数据拼接工作以及数据、图形的综合检查和数据的分层与格式转换。

具体数据采集的工艺流程见图 2－5。

（二）图件数字化

1. 图件的扫描　由于所收集的图件资料为纸介质的图件资料，所以采用灰度法进行扫描。扫描的精度为 300 dpi。扫描完成后将文件保存为 *.TIF 格式。在扫描过程中，为了能够保证扫描图件的清晰度和精度，对图件先进行预扫描。在预扫描过程中，检查扫描图件的清晰度，其清晰度必须能够区分图内的各要素，然后利用 Contex Fss8300 扫描仪自带的 CAD image/scan 扫描软件进行角度校正，角度校正后必须保证图幅下方两个内图廓点的连线与水平线的角度误差小于 0.2°。

2. 数据采集与分层矢量化　对图形的数字化采用交互式矢量化方法，确保图形矢量化的精度。在耕地资源信息系统数据库建设中需要采集的要素有：点状要素、线状要素和

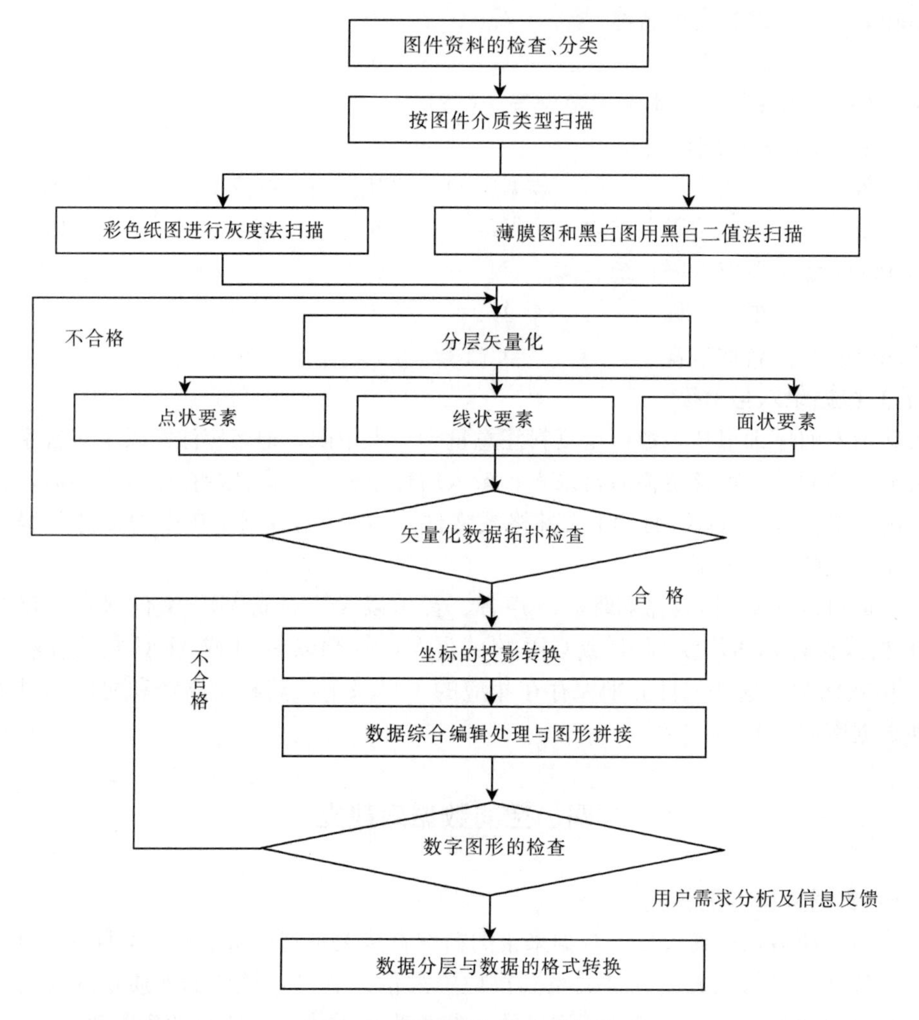

图 2-5 数据采集的工艺流程

面状要素。由于所采集的数据种类较多，所以必须对所采集的数据按不同类型进行分层采集。

（1）点状要素的采集：可以分为两种类型，一种是零星地类，另一种是注记点。零星地类包括一些有点位的点状零星地类的无点位的零星地类。对于有点位的零星地类，在数据的分层矢量化采集时，将点标记置于点状要素的几何中心点，对于无点位的零星地类在分层矢量化采集时，将点标记置于原始图件的定位点。农化点位、污染源点位等注记点的采集按照原始图件资料中的注记点，在矢量化过程中一一标注相应的位置。

（2）线状要素的采集：在耕地资源图件资料上的线状要素主要有水系、道路、带有宽度的线状地物界、地类界、行政界线、权属界线、土种界、等高线等，对于不同类型的线状要素，进行分层采集。线状地物主要是指道路、水系、沟渠等，线状地物数据采集时考虑到有些线状地物，由于其宽度较宽，如一些较大的河流、沟渠，它们在地图上可以按照图件资料的宽度比例表示为一定的宽度，则按其实际宽度的比例在图上表示；有些线状地物，如一些道路和水系，由于其宽度不能在图上表示，在采集其数据时，则按栅格图上的线状地物的中轴线来确定其在图上的实际位置。对地类界、行政界、土种界和等高线数据的采集，保证其封闭性和连续性。线状要素按照其种类不同分层采集、分层保存，以备数据分析时进行利用。

（3）面状要素的采集：面状要素要在线状要素采集后，通过建立拓扑关系形成区后进行，由于面状要素是由行政界线、权属界线、地类界线和一些带有宽度的线状地物界等结状要素所形成的一系列的闭合性区域，其主要包括行政区、权属区、土壤类型区等图斑。所以对于不同的面状要素，因采用不同的图层对其进行数据的采集。考虑到实际情况，将面状要素分为行政区层、地类层、土壤层等图斑层。将分层采集的数据分层保存。

（三）矢量化数据的拓扑检查

由于在矢量化过程中不可避免地要存在一些问题，因此，在完成图形数据的分层矢量化以后，要进行下一步工作时，必须对分层矢量化以后的数据进行矢量化数据的拓扑检查。在对矢量化数据的拓扑检查中主要是完成以下几方面的工作。

1. 消除在矢量化过程中存在的一些悬挂线段　在线状要素的采集过程中，为了保证线段完全闭合，某些线段可能出现相互交叉的情况，这些均属于悬挂线段。在进行悬挂线段的检查时，首先使用 MapGIS 的线文件拓扑检查功能，自动对其检查和清除，如果其不能够自动清除，则对照原始图件资料进行手工修正。对线状要素进行矢量化数据检查完成以后，随即由作图员对所矢量化的数据与原始图件资料相对比进行检查，如果在检查过程中发现有一些通过拓扑检查所不能够解决的问题，或矢量化数据的精度不符合精度要求的，或者是某些线状要素存在着一定的位移而难以校正的，则对其中的线状要素进行重新矢量化。

2. 检查图斑和行政区等面状要素的闭合性　图斑和行政区是反映一个地区耕地资源状况的重要属性，在对图件资料中的面状要素进行数据的分层矢量化采集中，由于图件资料中所涉及的图斑较多，在数据的矢量化采集过程中，有可能存在着一些图斑或行政界的不闭合情况，可以利用 MapGIS 的区文件拓扑检查功能，对在面状要素分层矢量化采集过程中所保存的一系列区文件进行矢量化数据的拓扑检查。在拓扑检查过程中可以消除大多数区文件的不闭合情况。对于不能够自动消除的，通过与原始图件资料的相互检查，消除其不闭合情况。如果通过对矢量化以后的区文件的拓扑检查，可以消除在矢量化过程中所出现的上述问题，则进行下一步工作，如果在拓扑检查以后还存在一些问题，则对其进行重新矢量化，以确保系统建设的精度。

（四）坐标的投影转换与图件拼接

1. 坐标转换　在进行图件的分层矢量化采集过程中，所建立的是图面坐标系（单位为毫米），而在实际应用中，则要求建立平面直角坐标系（单位为米）。因此，必须利用 MapGIS 所提供的坐标转换功能，将图面坐标转换成为正投影的大地直角坐标系。在坐标转换过程中，为了能够保证数据的精度，可根据提供数据源的图件精度的不同，在坐标转换过程中，采用不同的质量控制方法进行坐标转换工作。

2. 投影转换　区级土地利用现状数据库的数据投影方式采用高斯投影，也就是将进行了坐标转换以后的图形资料，再按照大地坐标系的经纬度坐标进行转换，以便以后进行图件拼接。在进行投影转换时，对 1∶10 000 土地利用图件资料，投影的分带宽度为 3°。

但是根据地形的复杂程度，以及行政区的跨度和图幅的具体情况，对于部分图形采用非标准的 3°分带高斯投影。

3. 图件拼接 侯马市南郊区提供的 1∶10 000 土地利用现状图是采用标准分幅图，在系统建设过程中应把图幅进行拼接。在图斑拼接检查过程中，相邻图幅间的同名要素误差应小于 1 毫米，这时移动其任何一个要素进行拼接，同名要素间距为 1～3 毫米的处理方法是将两个要素各自移动一半，在中间部分结合，这样图幅拼接便完全满足了精度要求。

五、空间数据库与属性数据库的连接

MapGIS 系统采用不同的数据模型分别对属性数据和空间数据进行存储管理，属性数据采用关系模型，空间数据采用网状模型。两种数据的连接非常重要。在一个图幅工作单元 Coverage 中，每个图形单元由一个标识码来唯一确定。同时一个 Coverage 中可以若干个关系数据库文件即要素属性表，用以完成对 Coverage 的地理要素的属性描述。图形单元标识码是要素属性表中的一个关键字段，空间数据与属性数据以此字段形成关联，完成对地图的模拟。这种关联是 MapGIS 的两种模型联成一体，可以方便地从空间数据检索属性数据或者从属性数据检索空间数据。

对属性与空间数据的连接采用的方法是：在图件矢量化过程中，标记多边形标识点，建立多边形编码表，并运用 MapGIS 将用 Foxpro 建立的属性数据库自动连接到图形单元中，这种方法可由多人同时进行工作，速度较快。

第三章　耕地土壤属性

第一节　耕地土壤类型

一、土壤类型及分布

根据山西省第二次土壤普查土壤工作分类，侯马市土壤分为三大土类，8个亚类，20个土属，38个土种。其分布受地形、地貌、水文、地质条件影响，随地形呈明显变化。具体分布见表3-1。

表3-1　侯马市土壤分布状况

土类	面积（亩）	亚类面积（亩）	分　布
褐土	192 648	山地褐土（34 785） 碳酸盐褐土性土（33 660） 碳酸盐褐土（117 593） 褐化浅色草甸土（6 610）	主要分布在凤城乡、高村乡、新田乡、上马街道办事处、张村街道办事处
盐土	11 418	浅色草甸盐土（11 418）	主要分布在高村乡、上马街道办事处、张村街道办事处等
草甸土	44 397	褐化浅色草甸土（6 610） 浅色草甸土（20 987） 盐化浅色草甸土（15 435） 沼泽化草甸土（1 365）	主要分布在高村乡、上马街道办事处、新田乡等
三大土类	248 463	—	—

二、土壤类型特征及主要生产性能

（一）褐土土类

褐土为侯马市的主要土壤类型，广泛分布在山区、丘陵和平原阶地上。海拔为400～1 100米。该土壤除紫金山低山部分岩石裸露外，多为农田，是本市重要的农业土壤。山区、丘陵自然植被稀少，水土流失严重。平原区人为耕作熟化程度高，土壤发育层次良好。

褐土的主要成土特点和演变规律：褐土处于暖温带半干旱季风气候区，夏季短，高温而多雨；冬季长，寒冷而干燥。一年之中干湿交替十分明显。土体中的物质受淋溶作用的影响，不断向下移动。淋溶钙积，黏化淀积，形成较为明显的黏化层和钙积现象，这是褐土的主要成土特点。其土壤剖面，一般土层深厚，结构均一，颜色多为棕褐色。自然土壤剖面结构一般为：A0（残落物质）—A1（腐殖质层）—B（淀积层）—C（母质层）—D

（基岩层）。耕种土壤剖面结构多为：Ap（耕作层）—Ba（黏化层）—BCa（钙积层）—C（母质层）。

褐土的主要成土母质是黄土，其理化性质良好，机械组成以粉粒为主，0.05～0.001毫米的物理性黏粒含量约占总量的50%，土壤容重一般为1.2～1.42克/米^3，沙黏粒配比较适，质地多为壤质。碳酸钙含量的众数值为10%左右，pH 7～8，土壤呈微碱性反应，土壤中的钙离子较多，这虽然对土壤磷素起到固定的作用，但也可增大土壤代换量。据化验，壤质褐土代换量为7～12me/百克土，黏质土为13～17me/百克土，在人为耕作施肥过程中，随代换量的增大，土壤的保肥能力逐渐增强，这对提高土壤肥力是一个有利因素。

褐土的演变：根据褐土的生物气候，地形部位，人为生产活动和土类之间的过渡，所产生发育的不同阶段，将其划分为：山地褐土、碳酸盐褐土性土和碳酸盐褐土3个亚类。

1. 碳酸盐褐土亚类 碳酸盐褐土是本市的主要耕地土壤，面积最大，总面积117 593亩，占总土地面积的35.49%。广泛分布在河谷平原二级阶地上，海拔为410～430米。

碳酸盐褐土属于典型的地带性土壤，成土母质为早期黄土状（洪积、冲积）母质，地下水埋深为15～120米，成土过程不受地下水的影响，在半干旱大陆季风气候的影响下，土壤剖面发育着明显的淋溶淀积层，表层质地多为壤质，土体构型一般为：Ap（耕作层）—Ba（黏化层）—BCa（钙积层）—C（母质层）。

碳酸盐褐土为古老的农业生产区，受人为生产活动影响很大，土地平坦，交通方便，是本市粮棉生产基地。根据成土母质和熟化程度划分为：黄垆土和黏黄垆土2个土属。

（1）黄垆土属：该土属总面积107 738亩，占总土地面积的32.51%，广泛分布于二级阶地的各个乡、街道办事处和村。成土母质为次生黄土，土壤质地多为壤质，土性柔和。由于地势平坦，在季节性降雨，淋溶作用下，土体中下部有明显的黏化层和钙积层。

高村乡上平村10—04号剖面是本土属的典型剖面，归纳本土属，其形态特征及理化性状有以下几点。

土层深厚，质地多为中壤质，底土偏重。耕作层疏松易耕，有机质含量一般表层较心、底土层高，土壤代换量>8me/百克土，保水保肥性能良好。

土体发育层次明显，25厘米左右以下为黏化层，黏粒含量大为增多，物理性黏粒<0.01毫米，含量>40％，第二、第三层碳酸钙含量达13.2%～14.4%，虽未达到钙积层指标，但钙化现象明显。

全剖面石灰反应强烈，pH从上到下逐渐增高，通体呈微碱性反应。

从全量分析结果看，由于耕作熟化的影响，耕作层全量养分含量均比心、底土层高。但有机质、全氮、全磷含量仍不高，相当全国标准四级水平，土壤肥力需待大幅度提高。

根据土体构造，黄垆土属划分为：轻壤质黄垆土、中壤质黄垆土、中壤质浅位厚层黏化黄垆土、中壤质深位厚层黏化黄垆土、中壤质深位厚层沙质黄垆土5个土种。

①轻壤质黄垆土。土种代号（09），本土种耕作层质地轻壤，30厘米以下为中壤，物理性黏粒<0.01毫米，含量大于40%，土壤代换量较小，8me/百克土左右。本土种面积较小，全市总面积8 935亩，占总土地面积的2.7%。主要分布于凤城乡北王村一带。

②中壤质黄垆土。土种代号（10），本土种土壤质地通体中壤，为本土属典型土种，

总面积 82 298 亩，占总土地面积的 24.84%。广泛分布于二级阶地平原区。

③中壤质浅位厚层黏化黄垆土。土种代号（11），本土土体在 50 厘米以上就开始出现黏化，耕层质地中壤，黏化层重壤，代换量增大，托水托肥，土体结构上松下紧，俗称蒙金土。本土种主要分布在城小、林城、虒祁、上平和下平等村。总面积 11 855 亩，占总土地面积的 3.58%。

④中壤质深位厚层黏化黄垆土。土种代号（12），主要分布在上马街道办事处的张少至单家营一带，本土黏化层出现在 50 厘米以下，更有利于农作物根系下扎。其他特征同中壤质浅位厚层黏化黄垆土。

（2）黏黄垆土属：

黏黄垆土，俗称为垆土地，面积不大，主要分布于二级阶地低洼处，东庄、虒祁、张少等村，本土主要特点是通体质地黏重。

典型剖面采自新田乡东庄村，其形态特征为：

0～25 厘米，褐色，中壤，核块状结构，较紧，根多。

25～52 厘米，黄褐，中壤，块状结构，较紧，根多。

53～67 厘米，浅褐，重壤，核块状结构，紧实，根中。

67～150 厘米，棕黄褐，重壤，核块状结构，紧实，根少。

本土代换量和全量养分含量都很高，保水保肥能力强。但质地黏重，土体紧实，阴凉，潮湿，坚硬僵韧，通透性差，耕性恶劣，顶犁跳铧，宜耕期短。当地群众称："早晨湿、中午干，下午晒成耐火砖。"早春地温回升慢，易发小苗不发老苗，种植小麦产量品质好。在利用改良上，要注意合理轮作倒茬，实行粮肥间作，增施有机肥料，大搞秸秆还田，促进土壤团粒结构的形成。利用城市垃圾和煤灰进行客土改垆。

总之，碳酸盐褐土物理性状良好，耕层物理性黏粒（<0.01 毫米）含量 30%～42%，属轻—重壤，心土和底土层多为中—重壤。其养分含量比较高。碳酸钙含量耕作层8%～11%，而心土和底土层，黄垆土属由于淋溶淀积作用，其碳酸钙含量高于耕作层，为 12%～14%。黏黄垆土由于淋溶淀积较弱，含量 4%～7%。土壤代换量耕作层 8～12me/百克土，而心土层比较高，特别是黏黄垆土 25～27me/百克土，说明托水保肥性好，是农业生产的良好耕地。

2. 山地褐土亚类　褐土主要分布在本市紫金山区，海拔 500～1 114 米的土石山和黄土残丘上。总面积 34 785 亩，占总土地面积的 10.50%。褐土所处的地势比较高，气候凉爽，干旱少雨多风，平均气温比平川区低 2℃，紫金山顶部黄土覆盖区，土层深厚，由于降雨侵蚀冲刷，植被稀少，土体经常处于干燥状态，氧化过程强烈，有机质和矿质养分分解快，淋溶作用微弱，通体有石灰反应，心土有黏粒移动现象，但黏化层不明显，并有少量的白色假菌丝体—碳酸钙淀积物，自然植被以草灌为主，地表约有 1 厘米厚的枯枝落叶层。紫金山中下部岩石裸露，主要是花岗片麻岩，经风化残留于原处，并混有黄土，土层一般很薄，根据成土母质和人为垦殖情况，山地褐土划分为粗骨性山地褐土、黄土质山地褐土和耕种黄土质山地褐土 3 个土属。

（1）粗骨性山地褐土属：粗骨性山地褐土分布在紫金山区，海拔为 500～1 000 米，总面积 17 745 亩，占总土地面积的 5.36%。成土母质为残积花岗片麻岩，土层很薄，常混有黄土，质地很粗，砾石含量>30%，呈微碱性反应，心土以下即为半风化的基岩，阴坡土层较厚，草被较好，可挖鱼鳞坑植树，发展林业。阳坡土层较薄，部分区域岩石裸露，生长一些一年生杂草，只能放牧。

典型剖面采自上马街道办事处马家山村，其形态特征为：

0～5 厘米，黑褐色，砾石土，无结构，疏松多孔，多根，石灰反应中。

5～25 厘米，灰褐色，碎砾石类土，多孔，根系中量，石灰反应中。

25～38 厘米，大砾石层。

38 厘米以下为基岩。

本土属只分 1 个土种，即薄层粗骨性山地褐土。本土由于土层浅薄，人为难以改造利用，阴坡宜封山育林，阳坡宜发展牧草。

(2) 黄土质山地褐土属：黄土质山地褐土总面积 5 040 亩，占总土地面积的 1.52%。主要分布在海拔 700～1 114 米的紫金山上部黄土坡，大、小张家山，李家山，成家山和马家山等村。成土母质为新黄土。土体深厚，通体轻到中壤。主要特征：上部因腐殖质浸染，土色较深，中、底部较浅，土体有白色假菌丝状石灰淀积物，并混杂有少量的料姜，通体均有石灰反应。

本土属仅分厚层黄土质山地褐土 1 个土种。

黄土质山地褐土土种。本土种虽然土层深厚，质地适中，但由于山高坡陡，水土流失严重，离山村住户较远，人为难以改造耕种，多为弃荒地，是发展林业的最好场地，今后应封山造林。

(3) 耕种黄土质山地褐土属：总面积 12 000 亩，占土地总面积的 3.62%。分布同上，离村宅较近，全为农用耕地。剖面特征与黄土质山地褐土基本相似。一般耕作层厚约 12 厘米，土质疏松，呈屑粒状，12～18 厘米土壤结构呈片状，紧实，形成稳固的犁底层，18 厘米以下，土体结构基本同上。

本土处于紫金山上部，地形地貌起伏不平，雨季侵蚀冲刷，旱季通体干燥，土壤淋溶，淀积较明显。人为耕作熟化程度差，土壤养分含量贫瘠。

耕种黄土质山地褐土具有明显的淋溶淀积现象，碳酸钙由上到下含量逐渐增大，质地由上到下，由轻到中偏重，115 厘米以下出现黏化层，比上层黏粒多 30%以上。

本土壤在改良利用上应做到以下两点：第一，近村地除进一步搞好农田基本建设，修筑好高标准的水平梯田外，还要合理规划，搞一部分林粮间作、粮肥间作田。一处变小气候，二肥田养地。第二，远村地应全部退耕还林，以发展经济林为主，实行农、经并举。

3. 碳酸盐褐土性土亚类 广泛分布于海拔 500～600 米的上马街道办事处和凤城乡黄土丘陵区，总面积 33 660 亩，占总土地面积的 10.16%。除少部分弃耕外，大部分开垦耕种，耕作历史悠久，残存植被稀少，以旱生草本为主。

碳酸盐褐土性土地处丘陵残垣，沟壑纵横，支离破碎，水土流失严重，由于侵蚀频繁，使得土壤形成过程不稳定，发育处于幼年阶段，土体层次不明显。根据土层划分依据，本亚类共划分为下列 5 个土属：黄土质碳酸盐褐土性土、耕种黄土质碳酸盐褐土性土、沟淤碳酸盐褐土性土、耕种沙质洪积多砾质碳酸盐褐土性土、耕种沙壤洪积少砾质碳酸盐褐土性土。

（1）黄土质碳酸盐褐土性土：面积很小，仅 2 460 余亩，占总土地面积的 0.74%。主要分布于上马街道办事处黄土丘陵梁峁沟壑上，植被稀疏，仅生长有少量的草木，是黄土母质上发育的土壤，土体深厚干燥，土壤绵软，颜色以黄褐色为主，呈碎块或块状结构，通体多轻壤发育层次不清晰，有时夹有料姜。丘陵区坡降较大，水土流失严重，人为难以改造利用，侯马市均为荒坡弃耕地，可以利用发展干鲜果树。

（2）耕种黄土质碳酸盐褐土性土：面积 14 550 亩，占总土地面积的 4.39%。分布于上马街道办事处隘口沟西部黄土丘陵上，海拔为 500～600 米，土壤特征基本同黄土质碳酸盐褐土性土。但已开垦农用，受人为耕作熟化影响，土体上部已形成耕作层和犁底层，但由于坡耕地经常被水冲刷，土壤发育仍多处于幼年阶段。

本土土性柔和，宜耕期长，但由于干旱缺水，常年不施肥，加之侵蚀严重，土壤养分很贫乏。有机质含量 0.79 %，全氮含量 0.051 %，相当全国分级标准的五级水平。耕层代换量为 7.3me/百克土，说明保肥性能也差。

今后在改良上要注意：近村地应提高农田基本建设水平，搞好水土保持，增施有机肥，提高土壤保水保肥能力。远村窄条梯田应退耕还林，发展干鲜果树，实行农、经并举。

（3）沟淤碳酸盐褐土性土：面积很小，仅 4 710 余亩，占总土地面积的 1.42%。主要分布于上马街道办事处隘口沟和西部黄土丘陵大小沟峪，成土母质为洪积和坡积物，土壤比较肥沃，本土因受历次洪水影响，土层厚薄不一，层次比较明显，表土多为轻壤，心土、底土多为沙土和砾石。

本土要特别注意修好沟堤，以防洪水袭击。在施肥上要少量多次，以防肥水漏失。

（4）耕种沙质洪积多砾质碳酸盐褐土性土：面积很小，仅 1 290 亩，占总土地面积的 0.5%。主要分布在紫金山洪积扇中上部，当地俗称石碴土，耕层砾石含量＞30%，土层浅薄，一般厚为 30～50 厘米，漏水漏肥，养分贫乏，虽为耕地，但收成甚微，本土应退耕还林，发展果木。

（5）耕种沙壤洪积少砾质碳酸盐褐土性土：面积 4 875 余亩，占总土地面积的 1.47%。分布于上马街道办事处紫金山洪积扇中、下部，地形坡度变缓，由洪积泥沙堆积而成，表层质地较粗，多为沙壤，且夹有砾石，底土也含有一定数量的砾石。

本土因处于洪积扇尾部，耕层土壤质地多为沙偏轻，夹有少量砾石，受淋溶作用的影响，30～50 厘米处出现明显的黏化现象，说明本土发育比较稳定，开始向典型褐土发展，但由于成土母质是洪积物，因而土体下部冲积层明显，沙性强，且夹有一些砾石。碳酸钙含量，pH 均较高。本土属由于漏水漏肥，加之离村较远，水肥条件差，土壤养分含量比较低，有机质、全氮含量分别是 0.79%、0.057%。

今后在改良利用上，以增施有机肥为主，促进土壤团粒结构的形成，并实行粮、肥间作，用养结合。在浇水施肥上注意少量多次，以防漏失，在土地面积较大的乡（办）村，可以退耕还林，栽种果树，发展经济林。

（二）盐土土类

盐土是指土体中含有大量的盐分，全盐量＞1% ，作物不能生长。

盐土主要分布在张村街道办事处和高村乡一级阶地较低处，面积 12 015 亩，占总土地面积的3.63%。呈大片状分布。

侯马市盐土成因：盐土主要所处地势低洼，地上地下水排泄不畅，雨季四周汇水，使地下水位提高，旱季蒸发量大于降水量的3～4倍，大量的盐分随毛管上升累积于地表，形成了白色的盐霜和盐结皮，全盐含量在1%以上，作物根本不能生长，只能生长一些耐盐植物，如盐吸和盐蓬等。

侯马市盐土的形态特征，地表呈白色，疏松的结皮多以硫酸盐为主，俗称白毛碱，通过剖面观察：土体上部除有盐结晶外，还有少量的锈纹锈斑。同时没有苏打和碱化现象。本土类只有草甸盐土一个亚类，只有草甸盐土一个土属，Cl^{-} - SO_4^{-}浅色草甸盐土1个土种。

典型剖面采自张村街道办事处，其形态特征为：

0～20厘米，深褐色，质地重壤，片状结构，土质紧实，孔隙中量，湿，根系中量，石灰反应弱。

20～30厘米，褐色，重壤，块状结构，紧实，孔隙少，湿度大，根系少，石灰反应弱，并有少量锈纹锈斑。

88厘米以下，出现地下水。

（三）草甸土土类

草甸土主要分布于侯马市汾、浍二滩一级阶地上，总面积37 787亩，占总土地面积的11.40%，为本市优良的农业土壤。

草甸土是一种受生物气候影响较小，而受水文地质影响较深的隐域性土壤，因而其土壤具有独特的成土过程和剖面特征，在季节性的干旱和降水过程中，地下水上下移动，底土经常处于氧化还原过程，土体中便产成锈纹锈斑，因此草甸土既不处于淋溶过程，也不像沼泽土完全处于还原过程，而属于半水成型土壤，这就是草甸土对农业具有较好利用价值的基础。

草甸土成土母质主要是冲积-洪积母质，土层厚度，表层质地不一，土体冲积层次明显，成土过程尚处于幼年阶段。

根据成土过程，草甸土类划分为褐化浅色草甸土、浅色草甸土和盐化浅色草甸土3个亚类，毗邻分布。

1. 褐化浅色草甸土（亚类）　褐化浅色草甸土主要分布于本市一级、二级阶地过渡地段，总面积6 610亩，占土地总面积的2.0%。面积虽不大，但为主要的农业土壤，所处地形比较平坦开阔，成土母质以次生黄土为主，冲积、洪积为副。本土有两种成土过程，土体上部进行着褐土化过程，有微弱黏粒淀积，下部曾受地下水影响，有一定的草甸化过程。近年来已脱离地下水影响，开始褐土成土过程，故称为褐化浅色草甸土。

褐化浅色草甸土亚类只划分1个土属，1个土种，即褐潮土属，轻壤质褐潮土种。

综合本土特征：本土表层质地属中壤质、疏松多孔、易耕易种，第二层为重壤，有黏粒淀积，托水托肥，深位出现草甸化现象，有少量锈纹锈斑。近年来，由于地下水位降低，草甸化现象已显著减弱，但本土与盐化土毗邻，地下水矿化度高，长期井灌，易使土壤耕层板结，返盐。所以在利用改良上，要尽量利用河灌，不断提高土壤肥力，防止次生盐化发生，同时多施有机肥料，不断提高土壤肥力。

2. 浅色草甸土亚类　浅色草甸土亚类为草甸土类典型土壤，成土过程同土类一样。

本亚类土总面积 20 987 亩，占土地总面积的 6.33%。根据土属划分依据，本亚类共划分为浅色草甸土、潮土、河沙土和河淤土 4 个土属。

（1）浅色草甸土土属：本土属面积甚微，仅 4 095 亩，占总面积的 1.24%。主要分布在汾河河漫滩，成土母质是近代河流冲积物，通体为沙质。成土过程还处于幼年时期，由于河床不稳，本土目前仍处于弃荒地。

本土在改良利用上，应采取营造防护林带，防风防洪，护沙固岸，促进土壤发育为农业用地。

（2）潮土土属：潮土面积 8 742 亩，占总面积的 2.64%。零星分布于一级阶地上，表层质地为轻到中壤，成土母质有河流冲积物，也有黄土冲积物，因此质地较细，沙黏比例较适中，土壤有机质含量达 1.4%以上，有效养分含量也高于沙质土壤，耕性良好，产量高，是良好的农业生产基地。本土主要问题是：地下水位浅，利用改良上要注意尽量避免利用井灌，严防引起次生盐渍化。本土属分 3 个土种，即体沙潮土、底沙潮土和潮土。

（3）河沙土属：河沙土面积 6 530 亩，占总土地面积的 1.97%，为本亚类主要土壤，成土母质全为河流冲积物，表层质地为沙土—沙壤，因而持水量小，蓄水保肥能力也差，有机质不易积累，而易分解，水、肥、气、热一般不协调，以上为本土主要特点，在利用改良上要注意增施有机肥料，粮、肥轮作，提高土壤肥力，促进土壤团粒结构形成。

河沙土根据土体构型不同，划分为腰黏河沙土、体壤河沙土、底黏河沙土、底壤河沙土和河沙土 5 个土种。

（4）河淤土属：面积很小，仅 1 620 亩，占总土地面积的 0.49%。成土母质主要是河流淤积物，质地通体黏质，其他形态相似，零星分布于一级阶地。根据土体构造划分为底沙河淤土和河淤土 2 个土种，因面积很小，不做详述。

浅色草甸土由于受历次冲积影响，土壤层次分明，层次之间质地变化多端，质地较重的土层，养分含量高于质地轻的土层，土壤代换量也大，因此，土壤质地、土体构型直接影响到土壤理化性状和生产性能。

浅色草甸土的形态特征归纳起来有：

①表层质地差异很大。因为受冲积母质影响，表层质地沙、壤、黏均有。

②土层厚薄不一，土体层次分明。质地变化多端。

③地下水位埋深为 1～2.5 米，土体中、下部多受地下水影响，残留有草甸化现象。

3. 盐化浅色草甸土亚类　侯马市盐化浅色草甸土主要分布于汾河、浍河二滩，总面积 15 435 亩，占土地面积的 4.66%。与浅色草甸土相伴而生，分布范围也基本相同。只是土壤及成土母质中的可溶性盐类，经地面径流渗漏于地下水中，流至封闭洼地及滞水带，地下水流不畅，使含盐的地下水汇集造成地下水矿化度不断提高。在蒸发量大于降水量 3～4 倍的情况下，在土壤毛细管作用下，地下水沿毛细管上升于表层，水分蒸发，盐分积留，造成土壤盐渍化。

盐化浅色草甸土土属、土种的划分与浅色草甸土相似，其不同之处在于，盐分是土壤的主要障碍因素。根据土壤盐化程度和盐分类型划分其不同土种。按照山西省统一规定：土壤耕作层 0～20 厘米，全盐含量 0.2%～0.4%，作物缺苗 10%～30%为轻度盐化；全盐含量 0.4%～0.6%，作物缺苗 30%～50%为中度盐化；全盐含量 0.6%～1%，作物抓苗困难，产量很低为重度盐化。

侯马市盐化浅色草甸土其地表盐结皮特征如下：为白色的疏松体，俗称白毛碱，根据调查和分析化验结果，遵照分类原则，现将盐化浅色草甸土（亚类）所划分的3个土属详述如下：

（1）Cl^{-}-SO_4^{2-}盐盐化潮土属：依据其含量的多少和土体构型不同分为：中壤质深位厚层夹沙Cl^{-}-SO_4^{2-}轻度盐化潮土，中壤质浅位厚层夹沙Cl^{-}-SO_4^{2-}中度盐化潮土，中壤质浅位厚层夹沙重度盐化潮土，中壤质浅位厚层夹黏Cl^{-}-SO_4^{2-}轻度盐化潮土和中壤质浅位厚层夹黏Cl^{-}-SO_4^{2-}重度盐化潮土5个土种。

（2）Cl^{-}-SO_4^{2-}盐化河沙土属：依据土体构型和盐分含量分为：浅位薄层夹黏Cl^{-}-SO_4^{2-}盐型轻度盐化河沙土，深位厚层夹黏Cl^{-}-SO_4^{2-}轻度盐化河沙土和Cl^{-}-SO_4^{2-}轻度盐化河沙土3个土种。

（3）Cl^{-}-SO_4^{2-}盐化河淤土属：按土体构型和含盐量分为：深位厚层夹黏Cl^{-}-SO_4^{2-}轻度盐化河沙土和Cl^{-}-SO_4^{2-}中度盐化河淤土2个土种。

注：本节所述侯马市土壤类型（包括亚类、土属、土种）名称，均为山西省第二次土壤普查时的县级土壤分类名称，与后文所述省级分类名称之间的对应关系见表3-2。

表3-2 侯马市省级土种（新）与县级土种（旧）名称对照

旧土种名称	旧代号	编号（书）	省级土种名称	新代码	省级土属	省亚类	省土类
黏黄垆土	14	11	深黏绵垆土	23	黄土状褐土	褐土	褐土
厚层耕种黄土质山地褐土	3	7	深黏垣黄垆土	26	黄土质石灰性褐土	石灰性褐土	褐土
中壤质浅位厚层黏化黄垆土	11	9	浅黏黄垆土	29	黄土状石灰性褐土	石灰性褐土	褐土
轻壤质黄垆土	9	8	二合黄垆土	32	黄土状石灰性褐土	石灰性褐土	褐土
中壤质黄垆土	10	8	二合黄垆土	32	黄土状石灰性褐土	石灰性褐土	褐土
中壤质深位厚层黏化黄垆土	12	8	二合黄垆土	32	黄土状石灰性褐土	石灰性褐土	褐土
Cl^{-}-SO_4^{2-}轻度盐化河沙土	34	8	二合黄垆土	32	黄土状石灰性褐土	石灰性褐土	褐土
中壤质深位厚层沙质黄垆土	13	10	二合深黏黄垆土	35	黄土状石灰性褐土	石灰性褐土	褐土
厚层黄土质山地褐土	2	2	薄立黄土	83	黄土质褐土性土	褐土性土	褐土
重度侵蚀黄土质碳酸盐褐土性土	4	4	立黄土	85	黄土质褐土性土	褐土性土	褐土
耕种轻壤黄土质碳酸盐褐土性土	5	5	耕立黄土	89	黄土质褐土性土	褐土性土	褐土
耕种沙壤洪积少砾质碳酸盐褐土性土	8	3	耕洪立黄土	112	洪积褐土性土	褐土性土	褐土
轻壤耕种沟淤碳酸盐褐土性土	6	6	多砾洪立黄土	113	洪积褐土性土	褐土性土	褐土
耕种沙壤洪积多砾质碳酸盐褐土性土	7	6	多砾洪立黄土	113	洪积褐土性土	褐土性土	褐土
河沙土	23	18	耕沙河漫土	218	冲积土	冲积土	新积土

（续）

旧土种名称	旧代号	编号（书）	省级土种名称	新代码	省级土属	省亚类	省土类
薄层粗骨性山地褐土	1	1	麻石砾土	229	麻沙质中性石质土	中性石质土	石质土
沙质浅色草甸土	26	17	河潮土	257	冲积潮土	潮土	潮土
潮土	18	14	绵潮土	258	冲积潮土	潮土	潮土
底壤河沙土	22	14	绵潮土	258	冲积潮土	潮土	潮土
河淤土	25	14	绵潮土	258	冲积潮土	潮土	潮土
腰黏河沙土	19	15	蒙金潮土	259	冲积潮土	潮土	潮土
底黏河沙土	21	16	底黏潮土	260	冲积潮土	潮土	潮土
中壤质浅位厚层夹沙 Cl^{-}-SO_4^{2-}轻度盐化潮土	27	16	底黏潮土	260	冲积潮土	潮土	潮土
体沙潮土	16	13	底沙潮土	265	冲积潮土	潮土	潮土
底沙潮土	17	13	底沙潮土	265	冲积潮土	潮土	潮土
底沙河淤土	24	13	底沙潮土	265	冲积潮土	潮土	潮土
轻壤褐潮土	15	12	耕脱潮土	288	冲积脱潮土	脱潮土	潮土
体壤河沙土	20	12	耕脱潮土	288	冲积脱潮土	脱潮土	潮土
中壤质浅位厚层夹黏 Cl^{-}-SO_4^{2-}轻度盐化潮土	30	19	耕轻白盐潮土	297	硫酸盐盐化潮土	盐化潮土	潮土
浅位薄层夹黏 Cl^{-}-SO_4^{2-}轻度盐化河沙土	32	19	耕轻白盐潮土	297	硫酸盐盐化潮土	盐化潮土	潮土
深位厚层夹黏 Cl^{-}-SO_4^{2-}轻度盐化河沙土	33	19	耕轻白盐潮土	297	硫酸盐盐化潮土	盐化潮土	潮土
深位厚层夹黏 Cl^{-}-SO_4^{2-}轻度盐化河淤土	35	19	耕轻白盐潮土	297	硫酸盐盐化潮土	盐化潮土	潮土
中壤质浅位厚层夹黏 Cl^{-}-SO_4^{2-}中度盐化潮土	28	20	耕中白盐潮土	302	耕中白盐潮土	盐化潮土	潮土
Cl^{-}-SO_4^{2-}中度盐化河淤土	36	20	耕中白盐潮土	302	耕中白盐潮土	盐化潮土	潮土
中壤质浅位厚层夹沙 Cl^{-}-SO_4^{2-}重度盐化潮土	29	21	耕重白盐潮土	307	硫酸盐盐化潮土	盐化潮土	潮土
中壤质浅位厚层夹黏 Cl^{-}-SO_4^{2-}重度盐化潮土	31	21	耕重白盐潮土	307	硫酸盐盐化潮土	盐化潮土	潮土
Cl^{-}-SO_4^{2-}浅色草甸盐土	38	23	黑盐土	339	硫酸盐氯化物草甸盐土	草甸盐土	盐土
沼泽化浅色草甸土	37	22	湿沼土	348	冲积沼泽土	沼泽土	沼泽土

第二节　有机质及大量元素

土壤大量元素背景值的表达方式以各统计单元养分汇总结果的算术平均值和标准差来表示，分别以单体 N、P、K 表示。表示单位：有机质、全氮用克/千克表示，有效磷、速效钾、缓效钾用毫克/千克表示。

一、含量与分布

侯马市土壤有机质、全氮、有效磷、速效钾等以《山西省耕地土壤养分含量分级参数表》为标准各分 6 个级别，见表 3-3。

表 3-3　山西省耕地地力土壤养分分级标准

项目	级别					
	Ⅰ	Ⅱ	Ⅲ	Ⅳ	Ⅴ	Ⅵ
有机质	>25.00	20.01～25.00	15.01～20.00	10.01～15.00	5.01～10.00	≤5.00
全氮	>1.50	1.201～1.50	1.001～1.200	0.701～1.000	0.501～0.700	≤0.500
有效磷	>25.00	20.01～25.00	15.1～20.00	10.1～15.0	5.1～10.0	≤5.0
速效钾	>250	201～250	151～200	101～150	51～100	≤50
缓效钾	>1 200	901～1 200	601～900	351～600	151～350	≤150
阳离子代换量	>20.00	15.01～20.00	12.01～15.00	10.01～12.00	8.01～10.00	≤8.00
有效铜	>2.00	1.51～2.00	1.01～1.50	0.51～1.00	0.21～0.50	≤0.20
有效锰	>30.00	20.01～30.00	15.01～20.00	5.01～15.00	1.01～5.00	≤1.00
有效锌	>3.00	1.51～3.00	1.01～1.50	0.51～1.00	0.31～0.50	≤0.30
有效铁	>20.00	15.01～20.00	10.01～15.00	5.01～10.00	2.51～5.00	≤2.50
有效硼	>2.00	1.51～2.00	1.01～1.50	0.51～1.00	0.21～0.50	≤0.20
有效钼	>0.30	0.26～0.30	0.21～0.25	0.16～0.20	0.11～0.15	≤0.10
有效硫	>200.00	100.1～200	50.1～100.0	25.1～50.0	12.1～25.0	≤12.0
有效硅	>250.0	200.1～250.0	150.1～200.0	100.1～150.0	50.1～100.0	≤50.0
交换性钙	>15.00	10.01～15.00	5.01～10.00	1.01～5.00	0.51～1.00	≤0.50
交换性镁	>1.00	0.76～1.00	0.51～0.75	0.31～0.50	0.06～0.30	≤0.05

注：表中各项含量单位为：有机质、全氮、交换性钙、交换性镁为克/千克，阳离子代换量为厘摩尔/千克，其他均为毫克/千克。

（一）有机质

侯马市耕地土壤有机质含量变化为 4.49～38.54 克/千克，平均值为 20.26 克/千克，属二级水平。具体见表 3-4。

表 3-4　侯马市大田土壤有机质、全氮和有效磷含量统计

类别		有机质（克/千克）		全氮（克/千克）		有效磷（毫克/千克）	
		平均值	区域值	平均值	区域值	平均值	区域值
行政区域	凤城乡	19.42	4.49～31.94	1.01	0.70～1.59	12.06	4.17～29.06
	高村乡	19.84	12.65～38.54	1.09	0.76～1.49	11.73	4.83～27.41
	上马街道办事处	20.04	6.99～31.94	1.10	0.59～1.71	11.43	4.83～26.75
	新田乡	21.66	10.67～37.55	1.11	0.76～2.00	13.30	7.41～29.39
	张村街道办事处	21.34	9.30～35.90	1.15	0.79～1.80	11.68	5.00～31.04

（续）

类别		有机质（克/千克）		全氮（克/千克）		有效磷（毫克/千克）	
		平均值	区域值	平均值	区域值	平均值	区域值
土壤类型	潮土	22.01	9.96～38.54	1.12	0.76～1.57	11.71	4.83～23.73
	新积土	19.40	14.30～27.98	1.17	0.99～2.00	10.71	8.07～16.09
	褐土	20.23	4.49～37.55	1.10	0.59～1.80	12.09	4.17～31.04
	盐土	20.58	10.34～31.28	1.12	0.84～1.50	11.50	7.08～26.75
	沼泽土	23.52	17.32～31.28	1.06	0.83～1.37	17.07	9.06～29.39
地形部位	河流冲积平原的河漫滩	21.87	13.31～35.90	1.15	0.78～2.00	11.51	4.83～22.41
	河流一级、二级阶地	20.57	4.49～38.54	1.11	0.70～1.80	12.23	4.17～31.04
	丘陵低山中、下部及坡麓平坦地	17.64	9.96～28.64	1.02	0.59～1.71	11.13	4.83～19.72
成土母质	洪积物	18.83	6.99～28.64	1.09	0.76～1.71	11.48	6.75～19.72
	黄土母质	20.35	5.67～38.54	1.10	0.59～1.80	12.07	4.17～31.04
	冲积物	21.61	4.49～35.90	1.14	0.76～2.00	12.11	4.17～29.39

注：以上统计结果依据2009—2011年侯马市测土配方施肥项目土样化验结果。

（1）不同行政区域：新田乡最高，平均值为21.66克/千克；依次是张村街道办事处，平均值为21.34克/千克，上马街道办事处平均值为20.04克/千克，高村乡平均值为19.84克/千克，凤城乡最低，平均值为19.42克/千克。

（2）不同地形部位：河流冲积平原的河漫滩最高，平均值为21.87克/千克；其次是河流一级、二级阶地，平均值为20.57克/千克；丘陵低山中、下部及坡麓平坦地最低，平均值为17.64克/千克。

（3）不同成土母质：冲积物最高，平均值为21.61克/千克；其次是黄土母质，平均值为20.35克/千克；最低是洪积物，平均值为18.83克/千克。

（4）不同土壤类型：沼泽土最高，平均值为23.52克/千克；其次是潮土平均值为22.01克/千克，盐土平均值为20.58克/千克，褐土平均值为20.23克/千克，最低是新积土，平均值为19.40克/千克。

（二）全氮

侯马市耕地土壤全氮含量变化范围为0.59～2.00克/千克，平均值为1.07克/千克，属三级水平。具体见表3-4。

（1）不同行政区域：张村街道办事处最高，平均值为1.15克/千克；其次是新田乡，平均值为1.11克/千克，上马街道办事处平均值为1.10克/千克，凤城乡平均值为1.01克/千克；最低是高村乡平均值为1.09克/千克。

（2）不同地形部位：河流冲积平原的河漫滩最高，平均值为1.15克/千克；其次是河流一级、二级阶地，平均值为1.11克/千克；最低是丘陵低山中、下部及坡麓平坦地，平均值为1.02克/千克。

（3）不同成土母质：冲积物最高，平均值为1.14克/千克；其次是黄土母质，平均值为1.10克/千克；最低是洪积物，平均值为1.09克/千克。

（4）不同土壤类型：新积土最高，平均值为 1.17 克/千克；其次是潮土和盐土，平均值为 1.12 克/千克，潮土平均值为 1.12 克/千克，褐土平均值为 1.10 克/千克；最低是沼泽土，平均值为 1.06 克/千克。

（三）有效磷

侯马市耕地土壤有效磷含量变化范围为 4.17～31.04 毫克/千克，平均值为 13.30 毫克/千克，属四级水平。具体见表 3-4。

（1）不同行政区域：新田乡最高，平均值为 13.30 毫克/千克；其次是凤城乡，平均值为 12.06 毫克/千克，高村乡平均值为 11.73 毫克/千克，张村街道办事处平均值为 11.68 毫克/千克；最低是上马街道办事处，平均值为 11.43 毫克/千克。

（2）不同地形部位：河流一级、二级阶地最高，平均值为 12.23 毫克/千克；其次是河流冲积平原的河漫滩，平均值为 11.51 毫克/千克；最低是丘陵低山中、下部及坡麓平坦地，平均值为 11.13 毫克/千克。

（3）不同成土母质：冲积物平均值最高，为 12.11 毫克/千克；其次是黄土母质，平均值为 12.07 毫克/千克；最低是洪积物，平均值为 11.48 毫克/千克。

（4）不同土壤类型：沼泽土平均值最高，为 17.07 毫克/千克；其次是褐土，平均值为 12.09 毫克/千克，潮土平均值为 11.71 毫克/千克，盐土平均值为 11.50 毫克/千克；最低是新积土，平均值为 10.71 毫克/千克。

（四）速效钾

侯马市耕地土壤速效钾含量变化范围为 107.53～368.61 毫克/千克，平均值为 253.74 毫克/千克，属二级水平。具体见表 3-5。

表 3-5　侯马市耕地土壤养分速效钾和缓效钾含量统计　　单位：毫克/千克

类　别		速效钾		缓效钾	
		平均值	区域值	平均值	区域值
行政区域	凤城乡	225.03	107.53～322.87	1 085.03	820.23～1 300.65
	高村乡	272.32	167.33～368.61	1 029.42	500.40～1 240.86
	上马街道办事处	232.39	123.86～335.94	1 035.21	740.51～1 300.65
	新田乡	232.78	123.86～365.34	1 026.09	205.36～1 220.93
	张村街道办事处	257.19	160.8～349.01	1 002.69	566.80～1 240.86
土壤类型	潮土	246.58	143.47～339.20	953.98	566.80～1 220.93
	新积土	201.41	154.26～273.86	966.63	720.58～1 080.37
	褐土	244.93	107.53～368.61	1 053.29	205.36～1 300.65
	盐土	245.47	164.06～309.80	992.32	720.58～1 160.09
	沼泽土	222.39	160.80～286.67	844.90	640.86～1 100.30
地形部位	河流冲积平原的河漫滩	248.92	143.47～339.2	960.58	566.80～1 220.93
	河流一、二级阶地	245.84	107.53～368.61	1 046.64	205.36～1 300.65
	丘陵低山中、下部及坡麓平坦地	215.59	143.47～303.27	1 009.18	740.51～1 220.93

（续）

类　别		速效钾		缓效钾	
		平均值	区域值	平均值	区域值
成土母质	洪积物	211.99	120.6～335.94	1 046.34	840.16～1 300.65
	黄土母质	246.48	107.53～368.61	1 050.09	205.36～1 300.65
	冲积物	241.33	107.53～358.81	965.69	680.72～1 220.93

注：以上统计结果依据 2009—2011 年侯马市测土配方施肥项目土样化验结果。

（1）不同行政区域：高村乡最高，平均值为 272.32 毫克/千克；其次是张村街道办事处，平均值为 257.19 毫克/千克，新田乡平均值为 232.78 毫克/千克，上马街道办事处平均值为 232.39 毫克/千克；最低是凤城乡，平均值为 225.03 毫克/千克。

（2）不同地形部位：河流冲积平原的河漫滩最高，平均值为 248.92 毫克/千克；其次是河流一级、二级阶地，平均值为 245.84 毫克/千克；最低是丘陵低山中、下部及坡麓平坦地，平均值为 215.59 毫克/千克。

（3）不同母质：黄土母质最高，平均值为 246.48 毫克/千克；其次是冲积物，平均值为 241.33 毫克/千克；最低是洪积物，平均值为 211.99 毫克/千克。

（4）不同土壤类型：潮土平均值最高，为 246.58 毫克/千克；其次是盐土，平均值为 245.47 毫克/千克，褐土平均值为 244.93 毫克/千克，沼泽土平均值为 222.39 毫克/千克；最低是新积土，平均值为 201.41 毫克/千克。

（五）缓效钾

全市耕地土壤缓效钾含量变化范围为 205.36～1 300.65 毫克/千克，平均值为 1 033.16毫克/千克，属二级水平。具体见表 3－5。

（1）不同行政区域：凤城乡最高，平均值为 1 085.03 毫克/千克；其次是上马街道办事处，平均值为 1 035.21 毫克/千克，高村乡平均值为 1 029.42 毫克/千克，新田乡平均值为 1 026.09 毫克/千克；最低是张村街道办事处，平均值为 1 002.69 毫克/千克。

（2）不同地形部位：河流一级、二级阶地最高，平均值为 1 046.64 毫克/千克；其次是丘陵低山中、下部及坡麓平坦地，平均值为 1 009.18 毫克/千克；最低是河流冲积平原的河漫滩，平均值为 960.58 毫克/千克。

（3）不同母质：黄土母质平均值最高，为 1 050.09 毫克/千克；其次是洪积物，平均值为 1 046.34 毫克/千克；最低是冲积物，平均值为 965.69 毫克/千克。

（4）不同土壤类型：褐土平均值最高，为 1 053.29 毫克/千克；其次是盐土，平均值为 992.32 毫克/千克，新积土平均值为 966.63 毫克/千克，潮土平均值为 953.98 毫克/千克；最低是沼泽土，平均值为 844.90 毫克/千克。

二、分级论述

（一）有机质

具体见表 3－6。

表 3-6 侯马市耕地土壤大量元素分级面积

类别	Ⅰ		Ⅱ		Ⅲ		Ⅳ		Ⅴ		Ⅵ	
	百分比（%）	面积（万亩）	百分比（%）	面积（万亩）	百分比（%）	面积（万亩）	百分比（%）	面积（万亩）	百分比（%）	面积（万亩）	百分比（%）	面积（万亩）
有机质	10.98	1.65	38.46	5.77	41.8	6.27	7.74	1.16	0.93	0.14	0.086	0.013
全氮	0.64	0.10	26.38	3.96	50.64	7.60	22.05	3.31	0.29	0.04	0	0
有效磷	0.42	0.06	1.96	0.29	10.77	1.62	59.68	8.96	26.84	4.03	0.31	0.05
速效钾	47.02	7.06	37.86	5.68	13.09	1.96	2.03	0.30	0	0	0	0
缓效钾	1.89	0.28	86.07	12.92	11.93	1.79	0.08	0.01	0.04	0.01	0	0

注：以上统计结果依据 2009—2011 年侯马市测土配方施肥项目土样化验结果。

Ⅰ级　有机质含量大于 25.00 克/千克，面积为 16 478.23 亩，占总耕地面积的 10.98%。主要分布在凤城乡、高村乡、上马街道办事处、新田乡、张村街道办事处。主要种植作物有小麦、玉米和果树等。

Ⅱ级　有机质含量为 20.01～25.00 克/千克，面积为 57 718.57 亩，占总耕地面积的 38.46%。主要分布在凤城乡、高村乡、上马街道办事处、新田乡、张村街道办事处。主要种植作物有小麦、玉米和果树等。

Ⅲ级　有机质含量为 15.01～20.01 克/千克，面积为 62 730.48 亩，占总耕地面积的 41.8%。主要分布在凤城乡、高村乡、上马街道办事处、新田乡、张村街道办事处。主要种植作物有小麦、玉米和果树等。

Ⅳ级　有机质含量为 10.01～15.01 克/千克，面积为 11 608.89 亩，占总耕地面积的 7.74%。主要分布在凤城乡、高村乡、上马街道办事处、新田乡、张村街道办事处。主要种植作物有小麦、玉米和果树等。

Ⅴ级　有机质含量为 5.01～10.01 克/千克，面积为 1 399.52 亩，占总耕地面积的 0.93%。主要分布在凤城乡，主要种植作物有小麦、玉米和果树等。

Ⅵ级　有机质含量为小于等于 5.01 克/千克，面积为 128.61 亩，占总耕地面积的 0.086%。主要分布在凤城乡，主要种植作物有小麦、玉米和果树等。

（二）全氮

具体见表 3-6。

Ⅰ级　全氮含量大于 1.50 克/千克，面积为 955.96 亩，占总耕地面积的 0.64%。主要分布在张村街道办事处、上马街道办事处，主要种植作物有小麦、玉米、桃、中药材和果树等。

Ⅱ级　全氮含量为 1.201～1.50 克/千克，面积为 39 587.87 亩，占总耕地面积的 26.38%。主要分布在凤城乡、高村乡、上马街道办事处、新田乡、张村街道办事处，主要种植作物有小麦、玉米、桃、中药材和果树等。

Ⅲ级　全氮含量为 1.001～1.201 克/千克，面积为 75 994.99 亩，占总耕地面积的 50.64%。主要分布在凤城乡、高村乡、上马街道办事处、新田乡、张村街道办事处，主要种植作物有小麦、玉米、桃、中药材和果树等。

Ⅳ级　全氮含量为 0.701～1.001 克/千克，面积为 33 093.41 亩，占总耕地面积的 22.05%。主要分布在凤城乡、高村乡、上马街道办事处、新田乡、张村街道办事处，主要种植作物有小麦、玉米、桃、中药材和果树等。

Ⅴ级　全氮含量为0.501～0.701克/千克，面积为432.07亩，占总耕地面积的0.29%。主要分布在上马街道办事处，主要种植作物有小麦、玉米、中药材和果树等。

Ⅵ级　全氮含量小于0.50克，全市无分布。

（三）有效磷

具体见表3-6。

Ⅰ级　有效磷含量大于25.00毫克/千克。全市面积637.46亩，占总耕地面积的0.42%。主要分布在新田乡、凤城乡，主要种植作物有小麦、玉米、棉花、中药材和果树等。

Ⅱ级　有效磷含量在20.01～25.00毫克/千克。全市面积2 942.41亩，占总耕地面积的1.96%。主要分布在凤城乡、高村乡、上马街道办事处、新田乡、张村街道办事处，主要种植作物有小麦、玉米、棉花和果树等。

Ⅲ级　有效磷含量在15.1～20.01毫克/千克，全市面积16 156.02亩，占总耕地面积的10.77%。主要分布在凤城乡、高村乡、上马街道办事处、新田乡、张村街道办事处，主要种植作物有小麦、玉米、棉花、中药材和果树等。

Ⅳ级　有效磷含量在10.1～15.1毫克/千克。全市面积89 561.03亩，占总耕地面积的59.68%。主要分布在凤城乡、高村乡、上马街道办事处、新田乡、张村街道办事处，主要种植作物有小麦、玉米、棉花和果树等。

Ⅴ级　有效磷含量在5.1～10.1毫克/千克。全市面积40 271.1亩，占总耕地面积的26.84%。主要分布在凤城乡、高村乡、上马街道办事处、新田乡、张村街道办事处，主要种植作物有小麦、玉米、棉花和果树等。

Ⅵ级　有效磷含量小于等于5.1毫克/千克。全市面积460.28亩，占总耕地面积的0.31%。主要分布在凤城乡，主要种植作物有小麦、玉米、棉花和果树等。

（四）速效钾

具体见表3-6。

Ⅰ级　速效钾含量大于250毫克/千克，全市面积70 558.81亩，占总耕地面积的47.02%。主要分布在凤城乡、高村乡、上马街道办事处、新田乡、张村街道办事处，主要种植作物有小麦、玉米、棉花、中药材和果树等。

Ⅱ级　速效钾含量在201～250毫克/千克，全市面积56 810.58亩，占总耕地面积的37.86%。主要分布在凤城乡、高村乡、上马街道办事处、新田乡、张村街道办事处，主要种植作物有小麦、玉米、棉花、中药材和果树等。

Ⅲ级　速效钾含量在151～201毫克/千克，全市面积19 646.6亩，占总耕地面积的13.09%。主要分布在凤城乡、高村乡、上马街道办事处、新田乡、张村街道办事处，主要种植作物有小麦、玉米、蔬菜、果树等。

Ⅳ级　速效钾含量在101～151毫克/千克，全市面积3 048.31亩，占总耕地面积的2.03%。主要分布在凤城乡、上马街道办事处、新田乡，主要种植作物有小麦、玉米和果树等。

Ⅴ级　全市无分布。

Ⅵ级　全市无分布。

（五）缓效钾

具体见表 3-6。

Ⅰ级　缓效钾含量在大于 1 200 毫克/千克，全市面积 2 841.01 亩，占总耕地面积的 1.89%，主要分布在凤城乡、高村乡、上马街道办事处、新田乡、张村街道办事处，主要种植作物有小麦、玉米、棉花、中药材和果树等。

Ⅱ级　缓效钾含量在 901～1 200 毫克/千克，全市面积 129 153.18 亩，占总耕地面积的 86.07%。主要分布在凤城乡、高村乡、上马街道办事处、新田乡、张村街道办事处，主要种植作物有小麦、玉米、棉花、中药材和果树等。

Ⅲ级　缓效钾含量在 601～901 毫克/千克，全市面积 17 897.03 亩，占总耕地面积的 11.93%。主要分布在凤城乡、高村乡、上马街道办事处、新田乡、张村街道办事处，主要种植作物有小麦、玉米、蔬菜、果树等。

Ⅳ级　缓效钾含量在 351～601 毫克/千克，全市面积 118.87 亩，占总耕地面积的 0.08%。主要分布在张村街道办事处、高村乡、新田乡，主要种植作物有小麦、玉米、果树等。

Ⅴ级　缓效钾含量在 151～351 毫克/千克，全市面积 54.21 亩，占总耕地面积的 0.04%。主要分布在新田乡，主要种植作物有小麦、玉米和果树。

Ⅵ级　全市无分布。

第三节　中量元素

中量元素背景值的表达方式以各统计单元养分汇总结果的算术平均值和标准差来表示。以符号 S 表示，表示单位为毫克/千克。

由于有效硫目前全国范围内仅有酸性土壤临界值，而全市土壤属石灰性土壤，没有临界值标准。因而只能根据养分含量的具体情况进行级别划分，分 6 个级别，见表 3-3。

一、含量与分布

有效硫

侯马市耕地土壤有效硫含量变化范围为 15.54～253.38 毫克/千克，平均值为 80.98 毫克/千克，属三级水平。具体见表 3-7。

（1）不同行政区域：新田乡最高，平均值为 101.22 毫克/千克；其次是张村街道办事处，平均值为 100.45 毫克/千克，高村乡平均值为 72.49 毫克/千克，凤城乡平均值为 72.33 毫克/千克；最低是上马街道办事处，平均值为 54.78 毫克/千克。

（2）不同地形部位：河流冲积平原的河漫滩最高，平均值为 89.99 毫克/千克；其次是河流一、二级阶地，平均值为 82.42 毫克/千克；最低是丘陵低山中、下部及坡麓平坦地，平均值为 46.71 毫克/千克。

（3）不同母质：冲积物平均值最高，为 86.03 毫克/千克；其次是黄土母质，平均值为 81.06 毫克/千克；最低是洪积物，平均值为 51.84 毫克/千克。

（4）不同土壤类型：沼泽土平均值最高，为101.89毫克/千克；其次是盐土，平均值为87.92毫克/千克，潮土平均值为84.19毫克/千克；褐土平均值为79.70毫克/千克；最低是新积土，平均值为61.66毫克/千克。

表3-7　侯马市耕地土壤中量元素硫分类统计结果

类别		有效硫 平均值（毫克/千克）	有效硫 区域值（毫克/千克）
行政区域	凤城乡	72.33	40.04～166.70
	高村乡	72.49	23.28～173.36
	上马街道办事处	54.78	15.54～200.00
	新田乡	101.22	31.74～253.38
	张村街道办事处	100.45	41.70～213.42
土壤类型	沼泽土	101.89	73.38～133.40
	潮土	84.19	26.76～226.74
	盐土	87.92	28.42～240.06
	褐土	79.70	15.54～253.38
	新积土	61.66	41.70～113.42
地形部位	河流冲积平原的河漫滩	89.99	31.74～193.34
	河流一级、二级阶地	82.42	23.28～253.38
	丘陵低山中、下部及坡麓平坦地	46.71	15.54～90.02
土壤母质	洪积物	51.84	22.42～106.76
	黄土母质	81.06	15.54～253.38
	冲积物	86.03	24.14～240.06

注：以上统计结果依据2009—2011年侯马市测土配方施肥项目土样化验结果。

二、分级论述

有效硫　具体见表3-8。

Ⅰ级　有效硫含量大于200.0毫克/千克，全市面积为383亩，占全市总耕地面积的0.26%，主要分布在新田乡，主要种植作物有小麦、玉米、蔬菜、果树等。

Ⅱ级　有效硫含量为100.1～200.0毫克/千克，全市面积为33 719.03亩，占全市总耕地面积的22.47%，主要分布在凤城乡、高村乡、上马街道办事处、新田乡、张村街道办事处，主要种植作物有小麦、玉米、蔬菜、果树等。

Ⅲ级　有效硫含量为50.1～100.1毫克/千克，全市面积为88 995.05亩，占全市总耕地面积的59.30%。主要分布在凤城乡、高村乡、上马街道办事处、新田乡、张村街道办事处，主要种植作物有小麦、玉米、蔬菜、果树等。

Ⅳ级　有效硫含量为25.1～50.1毫克/千克，全市面积为26 707.2亩，占全市总耕地面积的17.80%，主要分布在凤城乡、高村乡、上马街道办事处、新田乡、张村街道办事处，主要种植作物有小麦、玉米、蔬菜、果树等。

Ⅴ级　有效硫含量为12.1～25.1毫克/千克，全市面积为260.02亩，占全市总耕地面积的0.17%。主要分布在上马街道办事处，主要种植作物有小麦、玉米、蔬菜、中药材和果树等。

Ⅵ级　全市无分布。

表3-8　侯马市耕地土壤中量元素硫分级面积

类别	Ⅰ		Ⅱ		Ⅲ		Ⅳ		Ⅴ		Ⅵ	
	百分比（%）	面积（万亩）	百分比（%）	面积（万亩）	百分比（%）	面积（万亩）	百分比（%）	面积（万亩）	百分比（%）	面积（万亩）	百分比（%）	面积（万亩）
有效硫	0.26	0.04	22.47	3.37	59.30	8.90	17.80	2.67	0.17	0.03	0	0

注：以上统计结果依据2009—2011年侯马市测土配方施肥项目土样化验结果。

第四节　微量元素

土壤微量元素背景值的表达方式以各统计单元养分汇总结果的算术平均值和标准差来表示，分别以符号Cu、Zn、Mn、Fe、B表示。表示单位为毫克/千克。

土壤微量元素参照全省第二次土壤普查的标准，结合本市土壤养分含量状况重新进行划分，各分6个级别，见表3-3。

一、含量与分布

（一）有效铜

侯马市耕地土壤有效铜含量变化范围为1.10～4.13毫克/千克，平均值为2.07毫克/千克，属一级水平。具体见表3-9。

表3-9　侯马市耕地土壤养分有效铜、有效锰和有效锌分类统计

单位：毫克/千克

类别		有效铜		有效锰		有效锌	
		平均值	区域值	平均值	区域值	平均值	区域值
行政区域	凤城乡	1.71	1.17～2.79	13.14	7.67～19.33	1.93	0.83～4.20
	高村乡	2.36	1.20～4.03	10.09	7.00～13.66	1.55	0.86～3.60
	上马街道办事处	2.28	1.51～4.13	9.44	4.63～15.00	1.90	0.50～3.90
	新田乡	2.25	1.17～3.67	11.10	7.00～15.34	1.84	0.73～3.90
	张村街道办事处	1.69	1.10～2.59	11.72	7.00～18.33	1.80	0.64～3.90
土壤类型	潮土	1.91	1.10～3.44	11.57	7.00～18.33	1.79	0.64～3.90
	新积土	1.60	1.60～2.99	9.93	8.34～12.33	2.17	1.40～3.20
	褐土	2.09	1.10～4.13	10.98	4.63～19.33	1.79	0.50～4.20
	盐土	2.19	1.36～3.67	11.22	7.67～13.66	1.76	0.77～3.20
	沼泽土	1.99	1.60～2.99	9.00	7.67～11.00	2.27	1.30～3.90

（续）

类别		有效铜		有效锰		有效锌	
		平均值	区域值	平均值	区域值	平均值	区域值
地形部位	河流冲积平原的河漫滩	1.87	1.10～3.54	11.69	7.00～18.33	1.79	0.64～3.90
	河流一级、二级阶地	2.11	1.10～4.03	11.01	4.63～19.33	1.83	0.73～4.20
	丘陵低山中、下部及坡麓平坦地	2.02	1.57～4.13	9.69	6.34～15.00	1.53	0.50～3.80
土壤母质	洪积物	2.11	1.43～4.13	10.61	6.34～16.00	1.73	0.67～3.80
	黄土母质	2.10	1.10～4.03	10.94	4.63～19.33	1.80	0.50～4.20
	冲积物	1.97	1.10～4.00	11.34	7.00～18.33	1.83	0.64～3.70

注：以上统计结果依据 2009—2011 年侯马市测土配方施肥项目土样化验结果。

（1）不同行政区域：高村乡最高，平均值为 2.36 毫克/千克；其次是上马街道办事处，平均值为 2.28 毫克/千克，新田乡平均值为 2.25 毫克/千克，凤城乡平均值为 1.71 毫克/千克；最低是张村街道办事处，平均值为 1.69 毫克/千克。

（2）不同地形部位：河流一级、二级阶地最高，平均值为 2.11 毫克/千克；其次是丘陵低山中、下部及坡麓平坦地，平均值为 2.02 毫克/千克；最低是河流冲积平原的河漫滩，平均值为 1.87 毫克/千克。

（3）不同土壤母质：洪积物最高，平均值为 2.11 毫克/千克；其次是黄土母质，平均值为 2.10 毫克/千克；最低是冲积物，平均值为 1.97 毫克/千克。

（4）不同土壤类型：沼泽土平均值最高为 1.99 毫克/千克；其次是新积土平均值为 1.60 毫克/千克，盐土平均 1.36 毫克/千克，潮土平均 1.10 毫克/千克；最低是褐土，平均值为 1.10 毫克/千克。

（二）有效锌

侯马市耕地土壤有效锌含量变化范围为 0.50～4.20 毫克/千克，平均值为 1.80 毫克/千克，属二级水平。具体见表 3-9。

（1）不同行政区域：凤城乡最高，平均值为 1.93 毫克/千克；其次是上马街道办事处，平均值为 1.90 毫克/千克，新田乡平均值为 1.84 毫克/千克，张村街道办事处平均值为 1.80 毫克/千克；最低是高村乡，平均值为 1.55 毫克/千克。

（2）不同地形部位：河流一级、二级阶地平均值最高，为 1.83 毫克/千克；其次是河流冲积平原的河漫滩，平均值为 1.79 毫克/千克；最低是丘陵低山中、下部及坡麓平坦地，平均值为 1.53 毫克/千克。

（3）不同土壤母质：冲积物平均值最高，为 1.83 毫克/千克；其次是黄土母质，平均值为 1.80 毫克/千克；最低是洪积物，平均值为 1.73 毫克/千克。

（4）不同土壤类型：沼泽土平均值最高，为 2.27 毫克/千克；其次是新积土，平均值为 2.17 毫克/千克，潮土平均值为 1.79 毫克/千克，褐土平均值为 1.79 毫克/千克；最低是盐土，平均值为 1.76 毫克/千克。

（三）有效锰

侯马市耕地土壤有效锰含量变化范围为 4.63～19.33 毫克/千克，平均值为 11.00 毫克/千克，属四级水平。具体见表 3-9。

（1）不同行政区域：凤城乡最高，平均值为 13.14 毫克/千克，其次是张村街道办事处，平均值为 11.72 毫克/千克，新田乡平均值为 11.10 毫克/千克，高村乡平均值为 10.09 毫克/千克；最低是上马街道办事处，平均值为 9.44 毫克/千克。

（2）不同地形部位：河流冲积平原的河漫滩平均值最高，为 11.69 毫克/千克；其次是河流一级、二级阶地，平均值为 11.01 毫克/千克；最低是丘陵低山中、下部及坡麓平坦地，平均值为 9.69 毫克/千克。（3）不同土壤母质：冲积物平均值最高，为 11.34 毫克/千克；其次是黄土母质，平均值为 10.94 毫克/千克；最低是洪积物，平均值为 10.61 毫克/千克。

（4）不同土壤类型：潮土平均值最高，为 11.57 毫克/千克；其次是盐土，平均值为 11.22 毫克/千克，褐土平均值为 10.98 毫克/千克，新积土平均值为 9.93 毫克/千克；最低是沼泽土，平均值为 9.00 毫克/千克。

（四）有效铁

侯马市耕地土壤有效铁含量变化范围为 2.00～10.00 毫克/千克，平均值为 4.42 毫克/千克，属五级水平。具体见表 3-10。

表 3-10　侯马市耕地土壤有效铁和有效硼分类统计结果

单位：毫克/千克

类别		有效铁		有效硼	
		平均值	区域值	平均值	区域值
行政区域	凤城乡	4.73	3.34～7.67	0.48	0.24～1.00
	高村乡	3.54	2.00～9.33	0.41	0.12～0.80
	上马街道办事处	3.97	2.00～7.33	0.55	0.13～1.17
	新田乡	4.28	2.84～6.34	0.52	0.15～1.20
	张村街道办事处	5.62	3.17～10.00	0.58	0.19～1.17
土壤类型	潮土	5.65	2.50～9.33	0.52	0.13～0.96
	新积土	4.45	3.83～5.34	0.40	0.24～0.57
	褐土	4.14	2.00～8.66	0.50	0.12～1.20
	盐土	5.59	3.34～10.00	0.61	0.19～1.04
	沼泽土	4.75	2.84～7.67	0.77	0.30～1.07
地形部位	河流冲积平原的河漫滩	6.02	2.84～10.00	0.53	0.19～1.17
	河流一级、二级阶地	4.21	2.00～9.33	0.51	0.12～1.20
	丘陵低山中、下部及坡麓平坦地	3.88	2.00～7.33	0.46	0.13～0.93
土壤母质	洪积物	4.43	2.50～7.67	0.49	0.26～0.80
	黄土母质	4.14	2.00～8.66	0.50	0.12～1.20
	冲积物	5.50	2.84～10.00	0.55	0.19～1.17

注：以上统计结果依据 2009—2011 年侯马市测土配方施肥项目土样化验结果。

（1）不同行政区域：张村街道办事处最高，平均值为 5.62 毫克/千克；其次是凤城乡，平均值为 4.73 毫克/千克，新田乡平均值为 4.28 毫克/千克，上马街道办事处平均值为3.97毫克/千克；最低是高村乡，平均值为3.54毫克/千克。

（2）不同地形部位：河流冲积平原的河漫滩最高，平均值为6.02毫克/千克；其次是河流一级、二级阶地，平均值为4.21毫克/千克；最低是丘陵低山中、下部及坡麓平坦地，平均值为3.88毫克/千克。

（3）不同土壤母质：冲积物平均值最高，为5.50毫克/千克；其次是洪积物，平均值为4.43毫克/千克；最低是黄土母质，平均值为4.14毫克/千克。

（4）不同土壤类型：潮土平均值最高，为5.65毫克/千克；其次是盐土，平均值为5.59毫克/千克；沼泽土平均值为4.75毫克/千克，新积土平均值为4.45毫克/千克；最低是褐土，平均值为4.14毫克/千克。

（五）有效硼

侯马市耕地土壤有效硼含量变化范围为0.12～1.20毫克/千克，平均值为0.51毫克/千克，属四级水平。具体见表3-10。

（1）不同行政区域：张村街道办事处最高，平均值为0.58毫克/千克；其次是上马街道办事处，平均值为0.55毫克/千克；新田乡平均值为0.52毫克/千克，凤城乡平均值为0.48毫克/千克；最低是高村乡，平均值为0.41毫克/千克。

（2）不同地形部位：河流冲积平原的河漫滩最高，平均值为0.53毫克/千克；其次是河流一级、二级阶地，平均值为0.51毫克/千克；最低是丘陵低山中、下部及坡麓平坦地，平均值为0.46毫克/千克。

（3）不同土壤母质：冲积物平均值最高，为0.55毫克/千克；其次是黄土母质，平均值为0.50毫克/千克；最低是洪积物，平均值为0.49毫克/千克。

（4）不同土壤类型：沼泽土平均值最高，为0.77毫克/千克；其次是盐土，平均值为0.61毫克/千克；潮土平均值为0.52毫克/千克，褐土平均值为0.50毫克/千克；最低是新积土，平均值为0.40毫克/千克。

二、分级论述

（一）有效铜

具体见表3-11。

表3-11　侯马市耕地土壤微量元素分级面积

类别	Ⅰ		Ⅱ		Ⅲ		Ⅳ		Ⅴ		Ⅵ	
	百分比（%）	面积（万亩）	百分比（%）	面积（万亩）	百分比（%）	面积（万亩）	百分比（%）	面积（万亩）	百分比（%）	面积（万亩）	百分比（%）	面积（万亩）
有效铜	40.70	6.1	50.75	7.62	8.54	1.28	0	0	0	0	0	0
有效锌	2.85	0.43	64.40	9.66	30.72	4.61	2.03	0.30	0.01	0.002	0	0
有效铁	0	0	0	0	0	0	26.57	3.99	71.82	10.78	1.56	0.23
有效锰	0	0	0	0	4.42	0.66	95.39	14.31	0.19	0.03	0	0
有效硼	0	0	0	0	0.62	0.09	46.54	6.98	52.25	7.84	0.59	0.09

注：以上统计结果依据2009—2011年侯马市测土配方施肥项目土样化验结果。

Ⅰ级　有效铜含量大于2.00毫克/千克，全市分布面积61 079.8亩，占全市总耕地面积的40.70%。主要分布在凤城乡、高村乡、上马街道办事处、新田乡、张村街道办事处，主要种植作物有小麦、玉米、棉花、蔬菜、果树等。

Ⅱ级　有效铜含量在1.51～2.00毫克/千克，全市分布面积76 163.26亩，占全市总耕地面积的50.75%。主要分布在凤城乡、高村乡、上马街道办事处、新田乡、张村街道办事处，主要种植作物有小麦、玉米、棉花、蔬菜、果树等。

Ⅲ级　有效铜含量在1.01～1.51毫克/千克，全市分布面积12 821.24亩。占全市总耕地面积的8.54%，主要分布在凤城乡、高村乡、上马街道办事处、新田乡、张村街道办事处，主要种植作物有小麦、玉米、棉花、蔬菜、果树等。

Ⅳ级　全市无分布。

Ⅴ级　全市无分布。

Ⅵ级　全市无分布。

（二）有效锰

具体见表3-11。

Ⅰ级　全市无分布。

Ⅱ级　全市无分布。

Ⅲ级　有效锰含量为15.01～20.01毫克/千克，全市分布面积6 634.76亩，占总耕地面积的4.42%。主要分布在凤城乡、新田乡、张村街道办事处，主要种植作物有小麦、玉米、棉花、蔬菜和果树。

Ⅳ级　有效锰含量为5.01～15.01毫克/千克，全市分布面积143 143.06亩，占总耕地面积的95.39%。主要分布在凤城乡、高村乡、上马街道办事处、新田乡、张村街道办事处，主要种植作物为小麦、玉米、棉花、蔬菜和果树。

Ⅴ级　有效锰含量为1.01～5.01毫克/千克，全市分布面积286.48亩。占总耕地面积的0.19%，主要分布在上马街道办事处，主要种植作物为小麦、玉米、棉花、蔬菜和果树。

Ⅵ级　全市无分布。

（三）有效锌

Ⅰ级　有效锌含量大于3.00毫克/千克，全市面积4 279.19亩，占总耕地面积的2.85%。主要分布在凤城乡、高村乡、上马街道办事处、新田乡、张村街道办事处，主要种植作物有小麦、玉米、棉花、中药材和果树。

Ⅱ级　有效锌含量为1.51～3.00毫克/千克，全市面积96 645.82亩，占总耕地面积的64.40%。主要分布在凤城乡、高村乡、上马街道办事处、新田乡、张村街道办事处，主要种植作物有小麦、玉米、棉花、中药材和果树。

Ⅲ级　有效锌含量为1.01～1.51毫克/千克，全市面积46 097.16亩。占总耕地面积的30.72%。主要分布在凤城乡、高村乡、上马街道办事处、新田乡、张村街道办事处，主要种植作物有小麦、玉米、棉花、蔬菜和果树。

Ⅳ级　有效锌含量为0.51～1.01毫克/千克，全市分布面积3 042.13亩，占总耕地面积的2.03%。主要分布在凤城乡、高村乡、上马街道办事处、新田乡、张村街道办事处，主要种植作物有小麦、玉米、蔬菜和果树。

Ⅴ级　有效锌含量为0.31～0.51毫克/千克，全市分布面积20.07亩，占总耕地面积的0.01%。主要分布在上马街道办事处，主要种植作物有小麦、玉米、棉花和果树。

Ⅵ级　全市无分布。

(四)有效铁

具体见表3-11。

Ⅰ级　全市无分布。

Ⅱ级　全市无分布。

Ⅲ级　全市无分布。

Ⅳ级　有效铁含量为5.01～10.01毫克/千克，全市面积39 874.9亩，占全市总耕地面积的26.57%。主要分布在凤城乡、高村乡、上马街道办事处、新田乡、张村街道办事处，主要种植作物为小麦、玉米、棉花、蔬菜和果树。

Ⅴ级　有效铁含量为2.51～5.01毫克/千克，全市面积107 770.98亩，占总耕地面积的71.82%。主要分布在凤城乡、高村乡、上马街道办事处、新田乡、张村街道办事处，主要种植作物有小麦、玉米、蔬菜和果树。

Ⅵ级　有效铁含量小于等于2.51毫克/千克，全市面积2 338.49亩，占耕地总面积的1.56%。主要分布在高村乡、上马街道办事处，主要种植作物有小麦、玉米、蔬菜和果树。

(五)有效硼

具体见表3-11。

Ⅰ级　全市无分布。

Ⅱ级　全市无分布。

Ⅲ级　有效硼含量为1.01～1.51毫克/千克，全市面积934.14亩，占全市总耕地面积的0.62%。主要分布在张村街道办事处、新田乡，主要种植作物有小麦、玉米、蔬菜、中药材和果树。

Ⅳ级　有效硼含量为0.51～1.01毫克/千克，全市面积69 845.62亩，占全市总耕地面积的46.54%。主要分布在凤城乡、高村乡、上马街道办事处、新田乡、张村街道办事处，主要种植作物有小麦、玉米、蔬菜、中药材和果树。

Ⅴ级　有效硼含量为0.21～0.51毫克/千克，全市面积78 402.95亩，占全市总耕地面积的52.25%。主要分布在凤城乡、高村乡、上马街道办事处、新田乡、张村街道办事处，主要种植作物有小麦、玉米、棉花和果树。

Ⅵ级　有效硼含量小于等于0.21毫克/千克，全市面积881.59亩，占全市总耕地面积的0.59%。主要分布在高村乡、新田乡，主要种植作物有小麦、玉米、棉花和果树。

第五节　其他理化性状

一、土壤pH

侯马市耕地土壤pH含量变化范围为7.98～8.68，平均值为8.31。具体见表3-12。

表 3-12 侯马市耕地土壤 pH 平均值分类统计结果

类别		pH	
		平均值	区域值
行政区域	凤城乡	8.32	7.98～8.60
	高村乡	8.30	7.98～8.52
	上马街道办事处	8.37	8.13～8.68
	新田乡	8.32	8.05～8.52
	张村街道办事处	8.27	8.05～8.52
土壤类型	沼泽土	8.28	8.21～8.37
	潮土	8.28	7.98～8.68
	盐土	8.28	8.05～8.44
	褐土	8.32	7.98～8.68
	新积土	8.34	8.13～8.52
地形部位	河流冲积平原的河漫滩	8.27	8.05～8.52
	河流一级、二级阶地	8.32	7.98～8.68
	丘陵低山中、下部及坡麓平坦地	8.38	8.13～8.68
土壤母质	洪积物	8.35	8.13～8.52
	黄土母质	8.32	8.05～8.68
	冲积物	8.28	7.98～8.60

注：以上统计结果依据 2009—2011 年侯马市测土配方施肥项目土样化验结果。

（1）不同行政区域：上马街道办事处最高，平均值为 8.37；其次是新田乡，平均值为 8.32，凤城乡平均值为 8.32，高村乡平均值为 8.30；最低是张村街道办事处，平均值为 8.27。

（2）不同地形部位：丘陵低山中、下部及坡麓平坦地平均值最高，为 8.38；其次是河流一级、二级阶地，平均值为 8.32；最低是河流冲积平原的河漫滩，平均值为 8.27。

（3）不同土壤母质：洪积物平均值最高，为 8.35；其次是黄土母质，平均值为 8.32；最低是冲积物，平均值为 8.28。

（4）不同土壤类型：新积土平均值最高，为 8.34；其次是褐土，平均值为 8.32；最低是潮土、盐土和沼泽土，平均值均为 8.28。

二、土体构型

土体构型是指土体各个层次排列组合的关系。它对土壤水、肥、气、热等各肥力因素，有制约和调节的作用。土体构型是反映土壤理化、生物性状的综合指标。因此，良好的土体构型是土壤肥力的基础，决定土体构型的因素是土壤质地。本市土壤的土体构型多数为通体型（即通体为均一质地），少数为薄层型和夹层型（蒙金夹层型和漏沙夹层型）。

1. 薄层型 指土体表层土壤浅薄，厚度 10～30 厘米，其下部多为砾石或基岩，漏水漏肥，且表土受侵蚀严重。不利于农业生产利用。本市紫金山腰部及山前洪积扇上部多为此种土体构型，面积23 910亩，占总面积的9.9%。

2. 通体型　即土壤通体为均一质地，壤质、沙质或黏质。其中通体壤质（轻到中壤质）土壤保水保肥性能比较好，水、肥、气、热比较协调，侯马市黄土质山地褐土，黄土质褐土性土以及川黄垆土大部分属此种类型土，面积173 908亩，占总面积的71.7%，其中通体沙质、黏质土构型较差。通体黏质土通气透水性不良，容重1.42克/厘米^3，土壤代换量大（13.9me/百克土），保肥能力强，而供肥能力差，面积12 210亩，占总面积的5%；通体沙质型土分布在汾、浍二滩，河漫滩地区，土壤容重小于1.1克/厘米^3，孔隙度大于56%，而土壤代换量仅10me/百克土。漏水漏肥，不利于农业生产，面积7 575亩，占总面积的3.1%，其余为通体壤质土，面积154 123亩，占总土地面积的63.6%。

3. 蒙金夹层型　即指土壤表层质地为轻壤或中壤，心土、底土为重壤或黏土。大面积的川黄垆土和一级阶地的部分浅色草甸土即为此种构型。面积27 715亩，占总面积的11.4%。这种土壤上松下紧，上层质地适中，疏松多孔，易耕作，利于前期幼苗生长，而心土、底土比较紧实，托水保肥，又利于作物后期生长，有充足的养分供给，所以这种土体构造是农业生产上理想的土壤。

4. 漏沙夹层型　即为“倒蒙金”型，表层质地为中壤或黏土，而心土或底土则为沙质（沙土或沙壤），这种土壤漏水漏肥，不利于农业生产，汾、浍二滩冲积—沉积母质形成的土壤，多为漏沙夹层型，此类型土有11 142亩，占总面积的4.6%。

三、土壤结构

构成土壤骨架的矿物质颗粒，在土壤中并非彼此孤立、毫无相关的堆积在一起，而往往是受各种作用胶结成形状不同、大小不等的团聚体。各种团聚体和单粒在土壤中的排列方式称为土壤结构。

土壤结构是土体构造的一个重要形态特征。它关系着土壤水、肥、气、热状况的协调，土壤微生物的活动、土壤耕性和作物根系的伸展，是影响土壤肥力的重要因素。

全市土壤除少数菜园地为团粒结构外，大部分土壤为块状结构，粒径多为2～4厘米，俗称为“胡基圪塔”。这种结构的土壤. 由于土粒之间孔隙过大，蓄水保墒、保肥性能差，既不利于种子发芽，又容易发生“吊根”死亡。正如农谚所讲：“麦子不怕草，就怕胡基咬。”此外在长期耕种和机械压力的作用下，一般在20厘米深处，可形成坚硬的犁底层，多为紧实的片状结构，阻碍作物根系伸展，影响土壤水、气、热升降，今后应采取措施，增施有机肥料促使土壤团粒结构生成，改善土壤理化性状，凡是有坚硬犁底层的土壤，都要因土体构型区别对待，绵盖垆型土壤，应采取深耕措施，逐渐打破犁底层，加厚活土层，但对垆盖绵，绵盖沙等构型，则应保持松紧适度的犁底层，以免漏水、漏肥。

四、土壤孔隙状况

土壤是多孔体，土粒、土壤团聚体之间以及团聚体内部均有孔隙。单位体积土壤孔隙所占的百分数，称为土壤孔隙度，也称为总孔隙度。

土壤孔隙的数量、大小、形状很不相同，它是土壤水分与空气的通道和储存所，它密切影响着土壤中水、肥、气、热等因素的变化与供应情况。因此，了解土壤孔隙大小、分布、数量和质量，在农业生产上有非常重要的意义。

土壤孔隙度的状况取决于土壤质地、结构、土壤有机质、土粒排列方式及人为因素等。黏土孔隙多而小，通透性差；沙质土孔隙少而粒间孔隙大，通透性强；壤土则孔隙大小比例适中。土壤孔隙可分 3 种类型。

1. 无效孔隙 孔隙直径小于 0.001 毫米，作物根毛难以伸入，为土壤结合水充满，孔隙中水分被土粒强烈吸附，故不能被植物吸收利用，水分不能运动也不通气，对作物来说是无效孔隙。

2. 毛管孔隙 孔隙直径为 0.001～0.1 毫米，具有毛管作用，水分可借毛管弯月面力保持储存在内，并靠毛管引力向上下左右移动，对作物是最有效水分。

3. 非毛细管孔隙 即孔隙直径大于 0.1 毫米的大孔隙，不具毛管作用，不保持水分，为通气孔隙，直接影响土壤通气、透水和排水的能力。

土壤孔隙一般为 30%～60%，对农业生产来说，土壤孔隙以稍大于 50%为好，要求无效孔隙尽量低些。非毛管孔隙应保持在 10%以上，若小于 5%则通气、渗水性能不良。

侯马市 84%耕层土壤总孔隙一般为 50%～60%。土壤松紧度较适宜。少部分黏黄垆土，土壤紧实，通气差。应采取精耕细作，增施有机肥进行改良。

第六节　耕地土壤属性综述与养分动态变化

一、耕地土壤属性综述

侯马市 3 500 个样点测定结果表明，耕地土壤有机质平均含量为（20.54±39.90）克/千克；全氮平均含量为（1.11±0.14）克/千克；有效磷平均含量为（12.06±3.21）毫克/千克；速效钾平均含量为（244.19±42.22）毫克/千克；缓效钾平均含量为（1 033.16±98.63）毫克/千克；有效铁平均含量为（4.42±1.17）毫克/千克；有效锰平均值为（11.00±2.08）毫克/千克；有效铜平均含量为（2.07±0.55）毫克/千克；有效锌平均含量为（1.80±0.51）毫克/千克；有效硼平均含量为（0.51±0.15）毫克/千克；有效硫平均含量为（80.98±32.94）毫克/千克；pH 平均值为 8.31±0.08（表 3-13）。

表 3-13　侯马市耕地土壤属性总体统计结果

项目名称	点位数（个）	平均值	最大值	最小值	标准差	变异系数（%）
有机质	3 500	20.54	38.54	4.49	3.90	18.99
全氮	3 500	1.11	2.00	0.59	0.14	12.25
有效磷	3 500	12.06	31.04	4.17	3.21	26.61
速效钾	3 500	244.19	368.61	107.53	42.22	17.29
缓效钾	3 500	1 033.16	1 300.65	205.36	98.63	9.55
有效铁	3 500	4.42	10.00	2.00	1.17	26.35

（续）

项目名称	点位数（个）	平均值	最大值	最小值	标准差	变异系数（%）
有效锰	3 500	11.00	19.33	4.63	2.08	18.92
有效铜	3 500	2.07	4.13	1.10	0.55	26.73
有效锌	3 500	1.80	4.20	0.50	0.51	28.10
有效硼	3 500	0.51	1.20	0.12	0.15	28.54
有效硫	3 500	80.98	253.38	15.54	32.94	40.68
pH	3 500	8.31	8.68	7.98	0.08	0.99

注：以上统计结果依据2009—2011年侯马市测土配方施肥项目土样化验结果；表中各项含量单位为：有机质和全氮为克/千克，pH无单位，其他均为毫克/千克。

二、有机质及大量元素的演变

随着农业生产的发展及施肥、耕作经营管理水平的变化，耕地土壤有机质及大量元素也随之变化。与1982年全国第二次土壤普查时的耕层养分测定结果相比，1982—2009年，土壤有机质、全氮、有效磷、速效钾含量都有不同程度的增加。详见表3-14。

表3-14　侯马市耕地土壤养分动态变化

项目			土壤类型（亚类）								
			潮土	脱潮土	盐化潮土	褐土	褐土性土	石灰性褐土	沼泽土	草甸盐土	新积土
有机质（克/千克）	第二次土壤普查		12.5	7.7	10.1	6.32	10.69	13.1	—	—	8.8
	大田	本次调查	22.77	22.18	20.57	20.96	17.43	20.53	23.52	20.58	19.4
		增	10.27	14.48	10.47	14.64	6.74	7.43	—	—	10.6
全氮（克/千克）	第二次土壤普查		0.62	0.5	0.7	0.4	0.7	0.85	—	—	0.4
	大田	本次调查	1.13	1.14	1.09	1.12	1.02	1.11	1.06	1.12	1.17
		增	0.51	0.64	0.39	0.72	0.32	0.26	—	—	0.77
有效磷（毫克/千克）	第二次土壤普查		25.1	—	—	6.2	10.1	—	—	—	9.3
	大田	本次调查	11.96	12.8	11.25	11.73	11.04	12.22	17.07	11.5	10.71
		增	−13.14	—	—	5.53	0.94	—	—	—	1.41
速效钾（毫克/千克）	第二次土壤普查		100.8	—	—	45.8	70.7	—	—	—	83.1
	大田	本次调查	246.59	248.74	246.57	256.93	225.15	246.7	222.4	245.47	201.41
		增	145.79	—	—	211.13	154.45	—	—	—	118.31

第四章　耕地地力评价

第一节　耕地地力分级

一、面积统计

侯马市耕地面积 150 064.30 亩，其中旱地 11 588.77 亩，占耕地面积的 7.72%；水浇地 138 027.48 亩，占耕地面积的 91.98%；水田 448.05 亩，占耕地面积的 0.30%。按照全国耕地类型区、耕地地力等级划分标准（NY/T 309—1996），对照分级标准，确定每个评价单元的地力等级，汇总结果见表 4-1。

表 4-1　侯马市耕地地力统计

地力等级	面　积（亩）	所占比重（%）
1	27 042.57	18.02
2	81 573.14	54.36
3	29 934.39	19.95
4	11 514.2	7.67
合计	150 064.30	100

二、地域分布

侯马市耕地主要分布在汾河浍河的一级、二级阶地，峨嵋岭山前倾斜平原、黄土丘陵地带，面积 331 350，但耕地面积很小。侯马市各乡（镇）不同等级地力耕地数量统计见表 4-2。

表 4-2　不同乡（镇）不同等级地力耕地数量统计

乡（镇）	一级		二级		三级		四级		合计（亩）
	面积（亩）	百分比（%）	面积（亩）	百分比（%）	面积（亩）	百分比（%）	面积（亩）	百分比（%）	
凤城乡	9 362.04	38.50	12 428.71	51.11	2 524.5	10.38	0	0	24 315.3
高村乡	2 133.19	7.40	14 298.14	49.57	8 914.33	30.90	3 500.49	12.14	28 846.2
上马街道办事处	7 287.98	19.92	17 165.46	46.91	4 345.41	11.88	7 791.05	21.29	36 589.9
新田乡	6 643.25	27.07	17 410.21	70.93	491.4	2.00	0	0	24 544.86
张村街道办事处	1 616.11	4.52	20 270.62	56.67	13 658.75	38.19	222.66	0.62	35 768.1
合计	27 042.57	—	81 573.14	—	29 934.39	—	11 514.2	—	150 064.3

第二节　耕地地力等级分布

一、一 级 地

（一）面积和分布

本级耕地主要分布在凤城乡、高村乡、上马街道办事处、新田乡、张村街道办事处。面积为 27 042.57 亩，占全市总耕地面积的 18.02%。根据 NY/T 309—1996 比对，相当于国家的一至三级地。

（二）主要属性分析

本级耕地海拔为 395～420 米，土地平坦，水资源丰富。土壤包括潮土、新积土、褐土、沼泽土，成土母质为洪积物、冲积物、黄土质、黄土状，地面坡度为 2°～8°，pH 的变化范围为 8.05～8.52，平均值为 8.30，土壤质地适中，水、肥、气、热比较协调，地势平缓，无侵蚀，保水，地下水位浅且水质良好，灌溉保证率为 90%，地面平坦。

本级耕地土壤有机质平均含量 21.75 克/千克；有效磷平均含量为 13.92 毫克/千克，速效钾平均含量为 240.43 毫克/千克，全氮平均含量为 1.14 克/千克。详见表 4 - 3。

表 4 - 3　侯马市一级地土壤养分含量统计

项　目	平均值	最大值	最小值	标准差	变异系数（%）
有机质	21.75	35.57	12.98	3.39	15.59
全氮	1.14	1.80	0.75	0.13	11.35
有效磷	13.92	29.39	6.75	3.74	26.90
速效钾	240.43	322.87	154.26	31.82	13.24
缓效钾	1043.59	1300.65	205.36	103.46	9.91
pH	8.30	8.52	8.05	0.08	1.02
有效硫	79.59	240.06	24.14	33.30	41.84
有效锰	11.58	17.67	4.63	2.43	21.01
有效硼	0.56	1.20	0.22	0.15	27.46
有效铜	2.06	3.97	1.23	0.50	24.24
有效锌	2.01	4.20	0.86	0.52	26.06
有效铁	4.54	9.33	2.50	0.93	20.45

注：表中各项含量单位为：有机质、全氮为克/千克，pH 无单位，其他均为毫克/千克。

该级耕地农作物生产历来水平较高，水肥条件最好。从农户调查表来看，小麦平均亩产 420 千克，复播玉米亩产 450 千克，效益显著；蔬菜产量占全市的 20%以上，是侯马市重要的蔬菜生产基地。

（三）主要存在问题

一是土壤肥力与高产高效的需求仍不适应；二是部分区域地下水资源贫乏，水位持续下降，更新深井，加大了生产成本；三是多年种菜的部分地块，化肥施用量不断提升，有机肥施用不足，引起土壤板结，土壤团粒结构分配不合理；四是影响土壤环境质量的障碍因素是城郊的极个别菜地污染；五是尽管国家有一系列的种粮政策，但最近几年农资价格的飞速猛长，农民的种粮、种菜积极性严重受挫，对土壤进行粗放式管理。

（四）合理利用

本级耕地在利用上应主攻高强筋优质小麦生产，大力发展设施农业，加快蔬菜生产发展，突出区域特色经济作物如葡萄等产业的开发，复种作物重点发展玉米、大豆间套作。

二、二 级 地

（一）面积与分布

本级耕地分布在凤城乡、高村乡、上马街道办事处、新田乡、张村街道办事处，面积81 573.14亩，占总耕地面积的54.36%。根据NY/T 309—1996比对，相当于国家的三至五级地。

（二）主要属性分析

本级耕地包括潮土、新积土、褐土、盐土、沼泽土五大土类，成土母质为洪积物、黄土质、黄土状、冲积物，灌溉保证率为90%，地面坡度为2°～25°。耕层厚度平均为17厘米，本级土壤pH为7.98～8.68，平均值为8.32。

本级耕地土壤有机质平均含量20.77克/千克，有效磷平均含量为11.96毫克/千克，速效钾平均含量为243.68毫克/千克，全氮平均含量为1.11克/千克。详见表4-4。

表4-4 侯马市二级地土壤养分含量统计

项　目	平均值	最大值	最小值	标准差	变异系数（%）
有机质	20.77	37.55	9.96	3.65	17.59
全氮	1.11	2.00	0.76	0.13	11.56
有效磷	11.96	31.04	6.09	2.94	24.59
速效钾	243.68	368.61	120.60	43.38	17.80
缓效钾	1044.50	1280.72	640.86	92.33	8.84
pH	8.32	8.68	7.98	0.08	0.96
有效硫	85.03	253.38	23.28	34.71	40.82
有效锰	11.13	19.33	4.90	1.97	17.70
有效硼	0.51	1.14	0.13	0.14	27.78
有效铜	2.10	4.13	1.10	0.58	27.74
有效锌	1.83	3.90	0.73	0.46	25.12
有效铁	4.40	9.33	2.00	0.98	22.21

注：表中各项含量单位为：有机质、全氮为克/千克，pH无单位，其他均为毫克/千克。

本级耕地所在区域，为深井灌溉区，是侯马市的主要粮、棉、瓜、果、菜区，瓜、果、菜地的经济效益较高，棉花生产水平较高，粮食生产处于全市上游水平，小麦玉米两茬近3年平均亩产680千克，是侯马市重要的粮、棉、菜、果商品生产基地。

（三）主要存在问题

盲目施肥现象严重，有机肥施用量少，由于产量高造成土壤肥力下降，农产品品质降低。

（四）合理利用

应“用养结合”，培肥地力为主，一是合理布局，实行轮作，倒茬，尽可能做到须根与直根、深根与浅根、豆科与禾本科、夏作与秋作、高秆与矮秆作物轮作，使养分调剂，余缺互补；二是推广小麦、玉米秸秆两茬还田，提高土壤有机质含量；三是推广测土配方施肥技术，建设高标准农田。

三、三 级 地

（一）面积与分布

本级耕地分布在凤城乡、高村乡、上马街道办事处、新田乡、张村街道办事处，面积为 29 934.39 亩，占总耕地面积的 19.95%。根据 NY/T 309—1996 比对，相当于国家的五至七级地。

（二）主要属性分析

本级耕地自然条件较好，地势平坦。本级耕地包括潮土、新积土、褐土、盐土、沼泽土五大土类，成土母质为洪积物、黄土母质、冲积物，耕层厚度平均值为 17 厘米。灌溉保证率为 90%，地面坡度为 2°～25°。本级的 pH 变化范围为 8.05～8.68，平均值为 8.30。

本级耕地土壤有机质平均含量为 19.65 克/千克，有效磷平均含量为 11.04 毫克/千克；速效钾平均含量为 247.88 毫克/千克；全氮平均含量为 1.10 克/千克。详见表 4-5。

表 4-5 侯马市三级地土壤养分含量统计

项 目	平均值	最大值	最小值	标准差	变异系数（%）
有机质	19.65	38.54	4.49	4.50	22.91
全氮	1.10	1.71	0.70	0.14	12.58
有效磷	11.04	27.41	4.17	2.80	25.39
速效钾	247.88	362.07	107.53	48.19	19.44
缓效钾	1001.77	1300.65	566.80	99.30	9.91
pH	8.30	8.68	8.05	0.09	1.04
有效硫	79.48	180.02	30.08	25.35	31.89
有效锰	10.69	17.67	6.34	1.84	17.26
有效硼	0.49	1.17	0.12	0.15	29.92
有效铜	2.04	3.74	1.14	0.56	27.44
有效锌	1.67	3.90	0.64	0.52	31.41
有效铁	4.73	10.00	2.17	1.65	34.81

注：表中各项含量单位为：有机质、全氮为克/千克，pH 无单位，其他均为毫克/千克。

本级所在区域，粮食生产水平较高，据调查统计，小麦平均亩产 200 千克，复播玉米或杂粮平均亩产 240 千克以上，棉花平均亩产皮棉 100 千克左右，效益较好。

（三）主要存在问题

本级耕地的微量元素硼、铁等含量偏低。

（四）合理利用

1. 科学种田 本区农业生产水平属中上，粮食产量高，棉花产量较高，就土壤、水利条件而言，并没有充分显示出高产性能。因此，应采用先进的栽培技术，如选用优种、科学管理、平衡施肥等，施肥上，应多喷一些硫酸铁、硼砂、硫酸锌等，充分发挥土壤的丰产性能，争取各种作物高产。

2. 作物布局 本区今后应在种植业发展方向上主攻优质小麦生产的同时，抓好无公害果树的生产。麦后复播田应以玉米、豆类作物为主，复种指数控制在 40%左右。

四、四 级 地

（一）面积与分布

本级耕地分布在高村乡、上马街道办事处、张村街道办事处，面积 11 514.2 亩，占总耕地面积的 7.67%。根据 NY/T 309—1996 比对，相当于国家的七级地。

（二）主要属性分析

该土地分布范围较大，本级耕地包括潮土、新积土、褐土、沼泽土、盐土、石质土六大土类，成土母质主要有洪积物、黄土质、黄土状、冲积物，耕层厚度平均为 16 厘米。灌溉保证率为 0%，地面基本平坦，地面坡度 2°～25°。本级土壤 pH 为 8.13～8.52，平均值为 8.35。

本级耕地土壤有机质平均含量为 17.58 克/千克；全氮平均含量为 1.00 克/千克；有效磷平均含量为 10.56 毫克/千克；速效钾平均含量为 248.70 毫克/千克。详见表 4-6。

表 4-6 侯马市四级地土壤养分含量统计

项　目	平均值	最大值	最小值	标准差	变异系数（%）
有机质	17.58	30.29	11.00	3.34	18.99
全氮	1.00	1.41	0.59	0.15	15.37
有效磷	10.56	21.43	4.83	2.29	21.67
速效钾	248.70	339.20	143.47	38.05	15.30
缓效钾	998.81	1 220.93	500.40	106.28	10.64
pH	8.35	8.52	8.13	0.08	0.92
有效硫	53.78	120.08	15.54	20.89	38.84
有效锰	9.11	12.33	6.34	1.19	13.10
有效硼	0.43	0.67	0.22	0.09	21.96
有效铜	2.01	3.41	1.36	0.42	20.70
有效锌	1.30	2.00	0.50	0.29	22.12
有效铁	3.31	7.00	2.00	0.80	24.26

注：表中各项含量单位为：有机质、全氮为克/千克，pH 无单位，其他均为毫克/千克。

主要种植作物以小麦、杂粮为主，小麦平均亩产量为 180 千克，杂粮平均亩产 100 千克以上，均处于侯马市的中等偏低水平。

（三）主要存在问题

一是灌溉条件较差，干旱较为严重；二是本级耕地的中量元素镁、硫偏低，微量元素的硼、铁、锌偏低，今后在施肥时应合理补充。

（四）合理利用，平衡施肥

本区土壤的养分失调，干旱较为严重，大大地限制了作物增产，因此，要在不同区域的中产田上，大力推广平衡施肥技术，进一步提高耕地的增产潜力。

第五章　中低产田类型分布及改良利用

第一节　中低产田类型及分布

中低产田是指存在各种制约农业生产的土壤障碍因素，产量相对低而不稳定的耕地。

通过对侯马市耕地地力状况的调查，根据土壤主导障碍因素的改良主攻方向，依据中华人民共和国农业部发布的行业标准 NY/T 310—1996，引用临汾市耕地地力等级划分标准，结合实际进行分析，侯马市中低产田包括如下 4 个类型：干旱灌溉改良型、瘠薄培肥型、坡地梯改型、盐碱耕地型。中低产田面积为 12.31 万亩，占总耕地面积的 81.98%。各类型面积情况统计见表 5-1。

表 5-1　侯马市中低产田各类型面积情况统计

类　型	面积（亩）	占耕地总面积（%）	占中低产田面积（%）
干旱灌溉改良型	70 458.2	46.95	57.27
瘠薄培肥型	33 462.99	22.30	27.20
坡地梯改型	7 682.51	5.12	6.25
盐碱耕地型	11 418.03	7.61	9.28
合　计	123 021.73	81.98	100

一、干旱灌溉改良型

干旱灌溉改良型是指由于气候条件造成的降雨不足或季节性出现不均，又缺少必要的调蓄手段，以及地形、土壤性状等方面的原因，造成的保水蓄水能力的缺陷，不能满足作物正常生长所需的水分需求，但又具备水源开发条件，可以通过发展灌溉加以改良的耕地。全市干旱灌溉改良型中低产田面积为 70 458.2 亩，占总耕地面积的 46.95%。共有 1 409个评价单元，分布在全市各个乡（镇）。

二、瘠薄培肥型

瘠薄培肥型是指受气候、地形条件限制，造成干旱、缺水、土壤养分含量低、结构不良、投肥不足、产量低于当地高产农田，只能通过连年深耕、培肥土壤、改革耕作制度，推广旱农技术等长期性的措施逐步加以改良的耕地。

侯马市瘠薄培肥型中低产田面积为 33 462.99 亩，占总耕地面积的 22.30%。共有 625 个评价单元，分布在全市各个乡（镇）。

三、坡地梯改型

坡地梯改型是指主导障碍因素为土壤侵蚀，以及与其相关的地形，地面坡度、土体厚度、土体构型与物质组成，耕作熟化层厚度与熟化程度等，需要通过修筑梯田埂等田间水保工程加以改良治理的坡耕地。

侯马市坡地梯改型中低产田面积为 7 682.51 亩，占总耕地面积的 5.12%。共有 107 个评价单元，分布在上马街道办事处。

四、盐碱耕地型

盐碱耕地型是指主导障碍盐类集聚，全盐量过高，影响到作物的正常生长。盐碱土形成的根本原因在于水分状况不良。各种易溶性盐类随水流在地面做水平方向与垂直方向的重新分配，从而使盐分在集盐地区的土壤表层逐渐积聚起来，影响到作物的正常生长。全市盐碱耕地型中低产田面积为 11 418.03 亩，占耕地总面积的 7.61%，共有 177 个评价单元，分布在高村乡、张村街道办事处。

第二节　生产性能及存在问题

一、干旱灌溉改良型

该类型区地面坡度为 2°～25°，土壤类型为潮土、新积土、褐土、石质土、盐土、沼泽土，土壤母质为洪积物、黄土母质、冲积物，耕层厚度平均为 17 厘米，地力等级为2～3 级，耕地土壤有机质含量为 20.78 克/千克，全氮含量为 1.11 克/千克，有效磷为 12.00 毫克/千克，速效钾为 240.88 毫克/千克（表 5-2）。存在的主要问题是土质粗劣，水土流失比较严重，土壤干旱瘠薄、耕层浅，基础设施不配套，灌溉条件不完善。

表 5-2　侯马市中低产田各类型土壤养分含量平均值情况统计

类　型	有机质（克/千克）	全氮（克/千克）	有效磷（毫克/千克）	速效钾（毫克/千克）
干旱灌溉改良型	20.78	1.11	12.00	240.88
瘠薄培肥型	19.56	1.10	11.03	251.11
坡地梯改型	16.83	0.92	10.36	230.64
盐碱耕地型	20.63	1.17	11.54	265.90
总计平均值	20.63	1.17	11.54	265.90

二、瘠薄培肥型

该类型区地面坡度为 2°～25°，土壤类型为潮土、新积土、褐土、石质土、盐土、沼泽土，土壤母质为洪积物、黄土母质、冲积物，耕层厚度平均为17厘米，地力等级为3～4级，耕地土壤有机质含量为19.56克/千克，全氮含量为1.10克/千克，有效磷为11.03毫克/千克，速效钾为251.11毫克/千克（表5-2）。存在的主要问题是土质粗劣，水土流失比较严重，土体发育微弱，土壤瘠薄、耕层浅，田面不平，干旱缺水，肥力较差。

三、坡地梯改型

该类型区地面坡度为2°～25°，土壤类型为褐土、石质土，土壤母质为洪积物、黄土母质，耕层厚度平均为16厘米，地力等级为4级，耕地土壤有机质含量为16.83克/千克，全氮含量为0.92克/千克，有效磷为10.36毫克/千克，速效钾为230.64毫克/千克（表5-2）。存在的主要问题是地面坡度较大，水土流失比较严重，土体发育微弱，土壤干旱瘠薄、耕层浅。

四、盐碱耕地型

该类型区地面坡度为2°～5°，土壤类型为潮土、褐土、盐土，土壤母质为黄土母质、冲积物，耕层厚度平均为17厘米，地力等级为2级，耕地土壤有机质含量为20.63克/千克，全氮含量为1.17克/千克，有效磷为11.54毫克/千克，速效钾为265.90毫克/千克（表5-2）。存在的主要问题是水分状况不良，全盐量过高，影响作物生长。

第三节　改良利用措施

侯马市中低产田面积12.31万亩，占现有耕地的81.98%。严重影响全市农业生产的发展和农业经济效益，应因地制宜进行改良。

总体上讲，中低产田的改良、耕作、培肥是一项长期而艰巨的任务。通过工程、生物、农艺、化学等综合措施，消除或减轻中低产田土壤限制农业产量提高的各种障碍因素，可提高耕地基础地力，其中耕作培肥对中低产田的改良效果是极其显著的。具体措施如下：

1. 工程措施操作规程　根据地形和地貌特征，进行了详细的测量规划，计算出土方量，绘制了规划图，为项目实施提供科学的依据，并提出实施方案。涉及内容包括里切外垫、整修地埂和生产路。

（1）里切外垫操作规程：一是就地填挖平衡，土方不进不出；二是平整后从外到内要形成1°的坡度。

（2）修筑田埂操作规程：要求地埂截面，截面为梯形，上宽0.3米，下宽0.4米，高0.5米，其中有0.25米在活土层以下。

生产路操作规程按有关标准执行。

2. 增施畜禽肥培肥技术　利用周边养殖农户多的有利条件，亩增施农家肥1吨、48千克万特牌有机肥，待作物收获后及时旋耕深翻入土。

3. 小麦秸秆旋耕覆盖还田技术　利用秸秆还田机，把小麦秸秆粉碎，亩用小麦秸秆200千克；或采用深翻使秸秆翻入地里；或用深松机进行深松作业，秸秆进行休闲期覆盖。并增施氮肥（尿素）2.5千克，撒于地面，深耕入土，要求深翻30厘米以上。

4. 测土配方施肥技术　根据化验结果、土壤供肥性能、作物需肥特性、目标产量、肥料利用率等因子，拟定小麦配方施肥方案如下：旱地：＞250千克/亩，纯氮（N）—磷（P_2O_5）—钾（K_2O）为10—6—0千克/亩；150～250千克/亩，纯氮—磷—钾为8—6—0千克/亩；＜150千克/亩，纯氮—磷—钾为6—4—0千克/亩。同时在施肥方面还要注意以下问题：

（1）增施有机肥：增施有机肥，增加土壤有机质含量，改善土壤理化性状并为作物生长提供部分营养物质。据调查，有机肥的施用量若达到每年2 000～3 000千克/亩，连续施用3年，即可获得理想效果。主要通过秸秆还田和施用堆肥、厩肥、人粪尿及禽畜粪便来实现。

（2）校正施肥：依据当地土壤实际情况和作物需肥规律选用合理配比，有效控制化肥不合理施用对土壤性状的影响，达到提高农产品品质的目的。

①巧施氮肥。速效性氮肥极易分解，通常施入土壤中的氮素化肥的利用率只有25%～50%，或者更低。这说明施入土壤中的氮素，挥发渗漏损失严重，所以在施用氮素化肥时一定注意施肥方法、施肥量和施肥时期，提高氮肥利用率，减少损失。

②稳施磷肥。多年来，广大群众一直偏施磷肥，导致多数地块土壤有效磷含量偏高，而土壤中的磷常又被固定不能发挥肥效。因此，在磷肥施用上必须稳施、巧施，最大限度地发挥磷肥的增产潜能。

③因地施用钾肥。本区土壤中钾的含量虽然在短期内不会成为限制农业生产的主要因素，但随着农业生产进一步发展和作物产量的不断提高，土壤中的有效钾的含量也会处于不足状态，在生产中，应定期监测土壤中钾的动态变化，及时补充钾素。

④重视施用微肥。作物对微量元素肥料需要量虽然很小，但施用其能提高产品产量和品质，有着大量元素不可替代的作用。据调查，全市土壤硼、锌、锰、铁等含量均不高，近年来棉花施硼，玉米、小麦施锌的试验表明，施这些微肥对作物的增产效果均很明显。

5. 绿肥翻压还田技术　小麦收获后，结合第一场降雨，因地制宜地种植绿豆等豆科绿肥。将绿肥种子3千克，5千克硝酸磷复合肥，用旋耕播种机播种。待绿肥植株长到一定程度，为了确保绿肥腐烂，不影响小麦播种，结合伏天降雨用旋耕机将绿肥植株粉碎后翻入土中。

6. 施用抗旱保水剂技术　小麦播种前，用抗旱保水剂1.5千克与有机肥均匀混合后施入土中。或于小麦生长后期进行多次喷施。

7. 增施硫酸亚铁熟化技术　经过里切外垫后的地块，采用土壤改良剂硫酸亚铁进行土壤熟化。动土方量小的地块，每亩用硫酸亚铁20～30千克；动土方量大的地块，每亩用30～40千克。于麦收后按要求均匀施入。

8. 深耕增厚耕作层技术　采用60拖拉机悬挂深耕松犁或带4～6铧深耕犁，在小麦收获后进行土壤深松耕，要求耕作深度在30厘米以上。

然而，不同的中低产田类型有其自身的特点，在改良利用中应针对这些特点，采取相应的措施，现分述如下：

一、对干旱灌溉改良型中低产田的改良措施

1. 水源开发及调蓄工程　干旱灌溉改良型中低产田地处位置，具备水资源开发条件。在这类地区增加适当数量的水井，修筑一定数量的调水、蓄水工程，以保证一年一熟地浇水3～4次，毛灌定额300～400米^3/亩，一年两熟地浇水4～5次，毛灌定额400～500米^3/亩。

2. 田间工程及平整土地　一是平田整地采取小畦浇灌，节约用水，扩大浇水面积；二是积极发展管灌、滴灌，提高水的利用率；三是汾河二级阶地除适量增加深井外，还要进一步修复和提高各级电灌的潜力，扩大灌溉面积。

二、对瘠薄培肥型中低产田的改良措施

1. 平整土地与条田建设　将平坦垣面及缓坡地规划成条田，平整土地，以蓄水保墒。有条件的地方，开发利用地下水资源和引水上垣，逐步扩大垣面水浇地面积。通过水土保持和提高水资源利用水平，发展粮、果、药材生产。

2. 实行水保耕作法　在平川区推广地膜覆盖、生物覆盖等旱作农业技术；山地、丘陵推广丰产沟田或者其他高耕作物及种植制度和地膜覆盖、生物覆盖等旱农技术，有效保持土壤水分，满足作物需求，提高作物产量。

3. 大力兴建林带植被　因地制宜地造林、种草与农作物种植有效结合，兼顾生态效益和经济效益，发展复合农业。

三、对坡地梯改型中低产田的改良措施

1. 梯田工程　此类地形区的深厚黄土层为修建水平梯田创造了有利条件。梯田可以减少坡长，使地面平整，变降雨的坡面径流为垂直入渗，防止水土流失，增强土壤水分储备和抗旱能力，可采用缓坡修梯田，陡坡种林草，增加地面覆盖度。

2. 增加梯田土层及耕作熟化层厚度　新建梯田的土层厚度相对较薄，耕作熟化程度较低。梯田土层厚度及耕作熟化层厚度的增加是这类田地改良的关键。梯田土层厚度的一般标准为：土层厚大于80厘米，耕作熟化层大于20厘米，有条件的应达到土层厚大于100厘米，耕作熟化层厚度大于25厘米。

3. 农、林、牧并重　此类耕地今后的利用方向应是农、林、牧并重，因地制宜，全面发展。此类耕地应发展种草、植树，扩大林地和草地面积，促进养殖业发展，将生态效益和经济效益结合起来，如实行农（果）林复合农业。

四、对盐碱耕地型中低产田的改良措施

盐土是指土体中含有多量的盐分，全盐量＞1%，作物不能生长。盐土主要分布在高

村乡和张村街道办事处的一级阶地的低洼处，与草甸土和沼泽土相伴而生。

盐碱土形成的原因是：盐土主要所处地势低洼，地上地下水排泄不畅，四季四周有水，使地下水位提高，旱季蒸发量大于降水量，大量的盐分随毛管上升累积于地表，形成了白色的盐霜和盐结皮，全盐含量在1%以上，作物不能生长，只能生长一些耐盐作物。鉴于这些情况，我们在改良初期，重点应放在改善土壤的水分状况上面。一般分几步进行：首先修建排盐渠，进行排盐、洗盐、降低土壤盐分含量；其次再种植耐盐碱的植物，培肥土壤；最后种植作物。具体的改良措施是：排水，灌溉洗盐，放淤改良，培肥改良，平整土地和化学改良。侯马市盐碱地改良作物可选用高粱以及其他耐盐作物。

第六章　耕地地力评价与测土配方施肥

第一节　测土配方施肥的原理与方法

一、测土配方施肥具体内容

测土配方施肥的具体内容，包含着测土、配方、配肥、供肥和施肥5个程序。测土是测土配方施肥的重要环节，也是制定养分配方的重要依据，即对所采集的土壤样品进行有机质、氮、磷、钾及中、微量元素的测试。配方是测土配方施肥的关键环节，即根据土壤养分测试结果，制定出某种作物一定产量水平下的各种肥料的用量和比例。提供肥料配方时，先要了解种植作物种类和计划产量，该作物获取一定产量需吸收多少养分，土壤能提供给多少养分，然后确定施用肥料的品种和每一种肥料相应的最适宜用量。配肥和供肥是测土配方施肥的必要条件，即根据确定的肥料配方，以各种单质化肥和（或）复合（混）肥为原料，采用掺混或造粒工艺制成（或农户按方抓药，现用现配）适合于特定区域、特定作物需求的配方肥料，并由农业技术推广部门、肥料生产企业或农业生产资料公司直接供应给使用者。施肥是测土配方施肥的保证。施肥的任务是在生产过程中执行配方，以保证目标产量的实现。具体实施办法：一是要根据土壤条件和作物的需肥特性确定最恰当的基肥和追肥的比例，以及追肥的次数和每次追肥用量。二是要注意肥料的施用时期、施用部位（如深施、表施）、施用方法（集中施、撒施、根外追肥等），以减少肥料的损失，发挥肥料的最大应用效果。

二、测土配方施肥的核心

遵循报酬递减规律，确定最经济肥料用量是配方施肥的核心。农业生产中所获得的农产品，是通过土壤、耕作、施肥和气候等所有生产条件的相互作用而得到的。这些条件协调得好，产量就高。但也受作物本身（即品种）生长需要的制约，这就是内因，而生产条件的环境是外因，外因通过内因起作用，所以环境条件的改善，对作物产量的提高，就有一定的范围，也有一定的限度。施肥也是这样，当土壤在缺肥的情况时，施用肥料就能获得增产。但施用肥料的数量，越接近丰度，肥料的增产作用也就越小，而不是随着肥料的增加而相应的增加。报酬递减规律就是指当土壤中缺乏某种养分影响产量提高时，通过合理配施肥料，就可显著地提高作物产量。然而，施肥量的增加和产量的增加并不是完全的正相关，当施肥量达到一定水平后继续增施肥料，其单位施肥量的增产量呈递减趋势。也就是说，随着施肥量的增加，施肥的经济效益逐渐减少。如果继续过量投入肥料，就会导致产量的下降。因此，确定最经济的肥料用量是配方施肥的核心。在实际生产中，缺肥的中、低产地区，施用肥料的增产幅度大，而高产地区施用肥料的技术要求则比较严格。肥料的过量投入，不论哪个地区，都会导致肥料的效益下降以致减产。也就是说，提供的营养元素超越作物生命所能承受的能力，就会产生毒害，妨碍它的生长发育，容易发生病、虫害而导致减产。这就是产生肥料效益曲线的原因。如果当其他条件有所改进时，如土壤改良、良种更新、耕作水平提高、施肥方法合理等，就可以使施肥量的极限向前推移，但都不能违反这一规律。因此，测土配方施肥必须严格遵循此规律，否则，将收不到应有的效果。

三、测土配方施肥的含义

测土配方施肥是以肥料田间试验、土壤测试为基础，根据作物需肥规律、土壤供肥性能和肥料效应，在合理施用有机肥料的基础上，提出氮、磷、钾及中、微量元素等肥料的施用品种、数量、施肥时期和施用方法。通俗地讲，就是在农业科技人员指导下科学施用配方肥。测土配方施肥技术的核心是调整和解决作物需肥与土壤供肥之间的矛盾。同时有针对性地补充作物所需的营养元素，作物缺什么元素就补充什么元素，需要多少补充多少，实现各种养分平衡供应，满足作物的需要，达到增加作物产量、改善农产品品质、节支增收的目的。

四、测土配方施肥的应用前景

土壤有效养分是作物营养的主要来源，施肥是补充和调节土壤养分数量与补充作物营养最有效的手段之一。作物因其种类、品种、生物学特性、气候条件以及农艺措施等诸多因素的影响，其需肥规律差异较大。因此，及时了解不同作物种植土壤中的土壤养分变化情况，对于指导科学施肥具有广阔的发展前景。

测土配方施肥是一项应用性很强的农业科学技术，在农业生产中大力推广应用，对促进农业增效、农民增收具有十分重要的作用。通过测土配方施肥的实施，能达到 5 个目标：一是节肥增产。在合理施用有机肥的基础上，提出合理的化肥投入量，调整养分配比，使作物产量在原有基础上能最大限度地发挥其增产潜能。二是提高产品品质。通过田间试验和土壤养分化验，在掌握土壤供肥状况，优化化肥投入的前提下，科学调控作物所需养分的供应，达到改善农产品品质的目标。三是提高肥效。在准确掌握土壤供肥特性，作物需肥规律和肥料利用率的基础上，合理设计肥料配方，从而达到提高产投比和增加施肥效益的目标。四是培肥改土。实施测土配方施肥必须坚持用地与养地相结合、有机肥与无机肥相结合，在逐年提高作物产量的基础上，不断改善土壤的理化性状，达到培肥和改良土壤，提高土壤肥力和耕地综合生产能力，实现农业可持续发展。五是生态环保。实施测土配方施肥，可有效地控制化肥特别是氮肥的投入量，提高肥料利用率，减少肥料的面源污染，避免因施肥引起的富营养化，实现农业高产和生态环保相协调的目标。

五、测土配方施肥的依据

（一）土壤肥力是决定作物产量的基础。

肥力是土壤的基本属性和质的特征，是土壤从养分条件和环境条件方面，供应和协调作物生长的能力。土壤肥力是土壤的物理、化学、生物学性质的反映，是土壤诸多因子共同作用的结果。农业科学家通过大量的田间试验和示踪元素的测定证明，作物产量的构成，有40%～80%的养分吸收自土壤。养分吸收自土壤比例的大小和土壤肥力的高低有着密切的关系，土壤肥力越高，作物吸自土壤养分的比例就越大；相反，土壤肥力越低，作物吸自土壤的养分越少，那么肥料的增产效应相对增大，但土壤肥力低绝对产量也低。要提高作物产量，首先要提高土壤肥力，而不是依靠增加肥料。因此，土壤肥力是决定作物产量的基础。

（二）有机与无机相结合、大中微量元素相配合

用地和养地相结合是测土配方施肥的主要原则，实施配方施肥必须以有机肥为基础，土壤有机质含量是土壤肥力的重要指标。增施有机肥可以增加土壤有机质含量，改善土壤理化、生物性状，提高土壤保水保肥性能，增强土壤活性，促进化肥利用率的提高，各种营养元素的配合才能获得高产稳产。要使作物—土壤—肥料形成物质和能量的良性循环，必须坚持用养结合，投入产出相对平衡，保证土壤肥力的逐步提高，达到农业的可持续发展。

（三）测土配方施肥的理论依据

测土配方施肥是以养分归还学说、最小养分律、同等重要律、不可代替律、肥料效应报酬递减律和因子综合作用律等为理论依据，以确定不同养分的施肥总量和肥料配比为主要内容。同时注意良种、田间管护等影响肥效的诸多因素，形成了测土配方施肥的综合资源管理体系。

1. 养分归还学说 作物产量的形成有40%～80%的养分来自土壤，但不能把土壤看作一个取之不尽，用之不竭的“养分库”。为保证土壤有足够的养分供应容量和强度，保证土壤养分的携出与输入间的平衡，必须通过施肥这一措施来实现。依靠施肥，可以把作物吸收的养分“归还”土壤，确保土壤肥力。

2. 最小养分律 作物生长发育需要吸收各种养分，但严重影响作物生长、限制作物产量的是土壤中那种相对含量最小的养分因素，也就是最缺的那种养分。如果忽视这个最小养分，即使继续增加其他养分，作物产量也难以提高。只有增加含量最小养分的量，产量才能相应提高。经济合理的施肥是将作物所缺的各种养分同时按作物所需比例相应提高，作物才会优质高产。

3. 同等重要律 对作物来讲，不论大量元素还是微量元素，都是同样重要缺一不可的，即使缺少某一种微量元素，尽管它的需要量很少，仍会影响某种生理功能而导致减产。微量元素和大量元素同等重要，不能因为需要量少而忽略。

4. 不可替代律 作物需要的各种营养元素，在作物体内都有一定的功效，相互之间不能替代，缺少什么营养元素，就必须施用含有该元素的肥料进行补充，不能互相替代。

5. 肥料效应报酬递减律 经济学上，随着投入的单位劳动和资本量的增加，报酬的增加却在减少。同样，当施肥量超过适量时，作物产量与施肥量之间单位施肥量的增产会呈递减趋势。

6. 因子综合作用律 作物产量的高低是由影响作物生长发育诸因素综合作用的结果，但其中必有一个起主导作用的限制因子，产量在一定程度上受该限制因素的制约。为了充

分发挥肥料的增产作用和提高肥料的经济效益，一方面，施肥措施必须与其他农业技术措施相结合，发挥生产体系的综合功能；另一方面，各种养分之间的配合施用，也是提高肥效不可忽视的问题。

六、测土配方施肥确定施肥量的基本方法

（一）土壤与植物测试推荐施肥方法

该技术综合了目标产量法、养分丰缺指标法和作物营养诊断法的优点。对于大田作物，在综合考虑有机肥、作物秸秆应用和管理措施的基础上，根据氮、磷、钾和中、微量元素养分的不同特征，采取不同的养分优化调控与管理策略。其中，氮肥推荐根据土壤供氮状况和作物需氮量，进行实时动态监测和精确调控，包括基肥和追肥的调控；磷、钾肥通过土壤测试和养分平衡进行监控；中、微量元素采用因缺补缺的矫正施肥策略。该技术包括氮素实时监控、磷钾养分恒量监控和中、微量元素养分矫正施肥技术。

1. 氮素实时监控施肥技术　根据不同土壤、不同作物、不同目标产量确定作物需氮量，以需氮量的30%～60%作为基肥用量。具体基施比例根据土壤全氮含量，同时参照当地丰缺指标来确定。一般在全氮含量偏低时，采用需氮量的50%～60%作为基肥；在全氮含量居中时，采用需氮量的40%～50%作为基肥；在全氮含量偏高时，采用需氮量的30%～40%作为基肥。30%～60%基肥比例可根据上述方法确定，并通过“3414”田间试验进行校验，建立当地不同作物的施肥指标体系。有条件的地区可在播种前对0～20厘米土壤无机氮进行监测，调节基肥用量。

$$基肥用量（千克/亩）=\frac{（目标产量需氮量-土壤无机氮）\times（30\%\sim60\%）}{肥料中养分含量\times肥料当季利用率}$$

其中，土壤无机氮（千克/亩）=土壤无机氮测试值（毫克/千克）×0.15×校正系数

氮肥追肥用量推荐以作物关键生育期的营养状况诊断或土壤硝态氮的测试为依据，这是实现氮肥准确推荐的关键环节，也是控制过量施氮或施氮不足、提高氮肥利用率和减少损失的重要措施。测试项目主要是土壤全氮含量、土壤硝态氮含量或小麦拔节期茎基部硝酸盐浓度、玉米最新展开叶叶脉中部硝酸盐浓度，水稻采用叶色卡或叶绿素仪进行叶色诊断。

2. 磷钾养分恒量监控施肥技术　根据土壤有（速）效磷、钾含量水平，以土壤有（速）效磷、钾养分不成为实现目标产量的限制因子为前提，通过土壤测试和养分平衡监控，使土壤有（速）效磷、钾含量保持在一定范围内。对于磷肥，基本思路是根据土壤有效磷含量测试结果和养分丰缺指标进行分级，当有效磷水平处在中等偏上时，可以将目标产量需要量（只包括带出田块的收获物）的100%～110%作为当季磷肥用量；随着有效磷含量的增加，需要减少磷肥用量，直至不施；随着有效磷含量的降低，需要适当增加磷肥用量，在极缺磷的土壤上，可以施到需要量的150%～200%。在2～3年后再次测土时，根据土壤有效磷和产量的变化再对磷肥用量进行调整。钾肥首先需要确定施用钾肥是否有效，再参照上面方法确定钾肥用量，但需要考虑有机肥和秸秆还田带入的钾量。一般

大田作物磷、钾肥料全部做基肥。

3. 中、微量元素养分矫正施肥技术 中、微量元素养分的含量变幅大，作物对其需要量也各不相同。主要与土壤特性（尤其是母质）、作物种类和产量水平等有关。矫正施肥就是通过土壤测试，评价土壤中、微量元素养分的丰缺状况，进行有针对性的因缺补缺的施肥。

（二）肥料效应函数法

根据“3414”方案田间试验结果建立当地主要作物的肥料效应函数，直接获得某一区域、某种作物的氮、磷、钾肥料的最佳施用量，为肥料配方和施肥推荐提供依据。

（三）土壤养分丰缺指标法

通过土壤养分测试结果和田间肥效试验结果，建立不同作物、不同区域的土壤养分丰缺指标，提供肥料配方。

土壤养分丰缺指标田间试验也可采用“3414”部分实施方案。“3414”方案中的处理1为空白对照（CK），处理6为全肥区（NPK），处理2、4、8为缺素区（即PK、NK和NP）。收获后计算产量，用缺素区产量占全肥区产量的百分数即相对产量的高低来表达土壤养分的丰缺情况。相对产量低于50%的土壤养分为极低；相对产量50%～60%（不含）为低，60%～70%（不含）为较低，70%～80%（不含）为中，80%～90%（不含）为较高，90%（含）以上为高（也可根据当地实际确定分级指标），从而确定适用于某一区域、某种作物的土壤养分丰缺指标及对应的肥料施用数量。对该区域其他田块，通过土壤养分测试，就可以了解土壤养分的丰缺状况，提出相应的推荐施肥量。

（四）养分平衡法

1. 基本原理与计算方法 根据作物目标产量需肥量与土壤供肥量之差估算施肥量，计算公式为：

$$\text{施肥量（千克/亩）}=\frac{\text{目标产量所需养分总量}-\text{土壤供肥量}}{\text{肥料中养分含量}\times\text{肥料当季利用率}}$$

养分平衡法涉及目标产量、作物需肥量、土壤供肥量、肥料利用率和肥料中有效养分含量五大参数。土壤供肥量即为“3414”方案中处理1的作物养分吸收量。目标产量确定后因土壤供肥量的确定方法不同，形成了地力差减法和土壤有效养分校正系数法两种。

地力差减法是根据作物目标产量与基础产量之差来计算施肥量的一种方法。其计算公式为：

$$\text{施肥量（千克/亩）}=\frac{\text{（目标产量}-\text{基础产量）}\times\text{单位经济产量养分吸收量}}{\text{肥料中养分含量}\times\text{肥料利用率}}$$

基础产量即为“3414”方案中处理1的产量。

土壤有效养分校正系数法是通过测定土壤有效养分含量来计算施肥量。其计算公式为：

$$\text{施肥量（千克/亩）}=\frac{\frac{\text{作物单位产量}}{\text{养分吸收量}}\times\text{目标产量}-\text{土壤测试值}\times 0.15\times\frac{\text{土壤有效养分}}{\text{校正系数}}}{\text{肥料中养分含量}\times\text{肥料利用率}}$$

2. 有关参数的确定

①目标产量：目标产量可采用平均单产法来确定。平均单产法是利用施肥区前3年平

均单产和年递增率为基础确定目标产量，其计算公式为：

目标产量（千克/亩）＝（1＋递增率）×前3年平均单产（千克/亩）

一般粮食作物的递增率为10%～15%，露地蔬菜为20%，设施蔬菜为30%。

②作物需肥量：通过对正常成熟的农作物全株养分的分析，测定各种作物百千克经济产量所需养分量，乘以目标产量即可获得作物需肥量。

$$\text{作物目标产量所需养分量（千克）} = \frac{\text{目标产量（千克）}}{100} \times \text{百千克产量所需养分量（千克）}$$

③土壤供肥量：土壤供肥量可以通过测定基础产量、土壤有效养分校正系数两种方法估算：

通过基础产量估算（处理1产量）：不施肥区作物所吸收的养分量作为土壤供肥量。

$$\text{土壤供肥量（千克）} = \frac{\text{不施养分区家作物产量（千克）}}{100} \times \text{百千克产量所需养分量（千克）}$$

通过土壤有效养分校正系数估算：将土壤有效养分测定值乘一个校正系数，以表达土壤“真实”供肥量。该系数称为土壤有效养分校正系数。

$$\text{土壤有效养分校正系数（\%）} = \frac{\text{缺素区作物地上部分吸引该元素量（千克/亩）}}{\text{该元素土壤测定值（毫克/千克）} \times 0.15}$$

④肥料利用率：一般通过差减法来计算：利用施肥区作物吸收的养分量减去不施肥区农作物吸收的养分量，其差值视为肥料供应的养分量，再除以所用肥料养分量就是肥料利用率。

$$\text{肥料利用率（\%）} = \frac{\text{施肥区农作物吸收养分量（千克/亩）} - \text{缺素农作物吸收养分量（千克/亩）}}{\text{肥料施用量（千克/亩）} \times \text{肥料中养分含量（\%）}} \times 100\%$$

上述公式以计算氮肥利用率为例来进一步说明。

施肥区（NPK区）农作物吸收养分量（千克/亩）：“3414”方案中处理6的作物总吸氮量；

缺氮区（PK区）农作物吸收养分量（千克/亩）：“3414”方案中处理2的作物总吸氮量；

肥料施用量（千克/亩）：施用的氮肥肥料用量；

肥料中养分含量（%）：施用的氮肥肥料所标明的含氮量。

如果同时使用了不同品种的氮肥，应计算所用的不同氮肥品种的总氮量。

⑤肥料养分含量：供施肥料包括无机肥料与有机肥料。无机肥料、商品有机肥料含量按其标明量，不明养分含量的有机肥料养分含量可参照当地不同类型有机肥养分平均含量获得。

第二节　田间肥效试验及施肥指标体系建立

根据农业部及山西省农业厅测土配方施肥项目实施方案的安排和山西省土肥站制定的《山西省主要作物“3414”肥料效应田间试验方案》、《山西省主要作物测土配方施肥示范方案》所规定的标准，为摸清侯马市土壤养分校正系数，土壤供肥能力，不同作物养分吸收量和肥料利用率等基本参数；掌握农作物在不同施肥单元的优化施肥量，施肥时期和施肥方法；构建农作物科学施肥模型，为完善测土配方施肥技术指标体系提供科学依据，从 2009 年秋播起，在大面积实施测土配方施肥的同时，安排实施了各类试验示范 90 点次，取得了大量的科学试验数据，为下一步的测土配方施肥工作奠定了良好的基础。

一、测土配方施肥田间试验的目的

田间试验是获得各种作物最佳施肥品种、施肥比例、施肥时期、施肥方法的唯一途径，也是筛选、验证土壤养分测试方法、建立施肥指标体系的基本环节。通过田间试验，掌握各个施肥单元不同作物优化施肥数量，基、追肥分配比例，施肥时期和施肥方法；摸清土壤养分较正系数、土壤供肥能力、不同作物养分吸收量和肥料利用率等基本参数；构建作物施肥模型，为施肥分区和肥料配方设计提供依据。

二、肥料效应田间试验法的主要内容

肥料效应田间试验是获得各种作物最佳施肥量、施肥时期、施肥方法的根本途径，也是筛选、验证土壤养分测试方法、建立施肥指标体系的基本环节。通过田间试验，掌握不同养分测试区域、不同作物的施肥量、基肥和追肥分配比例、施肥时期和方法。

肥料田间试验设计的形式和内容，取决于研究目的。一般以单因素或二因素多水平回归设计为基础，将不同处理得到的产量进行数理统计，求得产量与施肥量之间的函数关系（即肥料效应方程式）。根据方程式，不仅可以直观地看出不同元素肥料的增产效应，以及配合施用的联合效果，而且还可以分别计算出经济施肥量（最佳施肥量）、施肥上限和施肥下限，作为合理施肥量的依据。

此法的优点是能客观地反映影响肥效诸因素的综合效果，精确度高，反馈性好。缺点是有地区局限性，需要在不同类型土壤上布置多点试验，积累不同年度的资料，耗时较长。因此，此法适用于有田间肥料试验基础，并能进行数理统计的地区。

三、测土配方施肥田间试验方案的设计

（一）田间试验方案设计

按照农业部《规范》的要求，以及山西省农业厅土壤肥料工作站《测土配方施肥实施方案》的规定，根据侯马市主栽作物小麦的实际，采用“3414”方案设计（表 6－1）。“3414”的含义是指氮、磷、钾 3 个因素、4 个水平、14 个处理。4 个水平的含义：0 水平指不施肥；2 水平指当地推荐施肥量；1 水平＝2 水平×0.5；3 水平＝2 水平×1.5（该水平为过量施肥水平）。

表 6-1 “3414”完全试验设计方案处理

试验编号	处理编码	施肥水平		
		N	P	K
1	$N_0P_0K_0$	0	0	0
2	$N_0P_2K_2$	0	2	2
3	$N_1P_2K_2$	1	2	2
4	$N_2P_0K_2$	2	0	2
5	$N_2P_1K_2$	2	1	2
6	$N_2P_2K_2$	2	2	2
7	$N_2P_3K_2$	2	3	2
8	$N_2P_2K_0$	2	2	0
9	$N_2P_2K_1$	2	2	1
10	$N_2P_2K_3$	2	2	3
11	$N_3P_2K_2$	3	2	2
12	$N_1P_1K_2$	1	1	2
13	$N_1P_2K_1$	1	2	1
14	$N_2P_1K_1$	2	1	1

（二）试验材料

供试肥料分别为中国石化生产的46％尿素，云南生产的12％过磷酸钙，天津生产的50％硫酸钾。

四、测土配方施肥田间试验设计方案的实施

（一）地点与布局

在侯马市多年耕地土壤肥力动态监测和耕地分等定级的基础上，将侯马市耕地进行高、中、低肥力区划，确定不同肥力的测土配方施肥试验所在地点，同时在对承担试验的农户科技水平与责任心、地块大小、地块代表性等条件综合考察的基础上，确定试验地块。试验田的田间规划、施肥、播种、浇水以及生育期观察、田间调查、室内考种、收获计产等工作都由专业技术人员严格按照田间试验技术规程进行操作。

侯马市的测土配方施肥“3414”试验主要在冬小麦上进行，完全试验不设重复。2009—2011 年，进行“3414”小麦完全试验 30 点次，校正试验 50 点次。

（二）试验地选择

试验地选择平坦、整齐、肥力均匀，具有代表性的不同肥力水平的地块；试验地避开了道路、堆肥场所等特殊地块。

（三）试验作物品种选择

田间试验选择当地主栽作物品种或拟推广品种。

（四）试验准备

整地、设置保护行、试验地区划；小区单灌单排，避免串灌串排；试验前采集基础土

壤样。

（五）测土配方施肥田间试验的记载

田间试验记载的具体内容和要求：

1. 试验地基本情况

地点：省、市、县、村、邮编、地块名、农户姓名。

定位：经度、纬度、海拔。

土壤类型：土类、亚类、土属、土种。

土壤属性：土体构型、耕层厚度、地形部位及农田建设、侵蚀程度、障碍因素、地下水位等。

2. 试验地土壤、植株养分测试 包括有机质、全氮、碱解氮、有效磷、速效钾、pH等土壤理化性状的测试，必要时进行植株营养诊断和中、微量元素的测定等。

3. 气象因素 多年平均及当年分月平均气温、降水、日照和湿度等气候数据。

4. 前茬情况 作物名称、品种、品种特征、亩产量以及N、P、K肥和有机肥的用量、价格等。

5. 生产管理信息 灌水、中耕、病虫防治、追肥等。

6. 基本情况记录 品种、品种特性、耕作方式及时间、耕作机具、施肥方式及时间、播种方式及工具等。

7. 生育期记录 主要记录内容为：播种期、播种量、平均行距、出苗期、分蘖期、越冬期、返青期、拔节期、抽穗期、开花期、灌浆期、成熟期。

8. 生育指标调查记载 主要调查和室内考种记载：基本苗、株高、有效分蘖数、亩穗数、穗粒数、千粒重等。

（六）试验操作及质量控制情况

试验田地块的选择严格按方案技术要求进行，同时要求承担试验的农户要有一定的科技素质和较强的责任心，以保证试验田各项技术措施准确到位。

（七）数据分析

田间调查和室内考种所得数据，全部按照肥料效应鉴定田间试验技术规程操作，利用Excel程序和“3414”田间试验设计与数据分析管理系统进行分析。

五、田间试验实施情况

（一）试验情况

1.“3414”完全试验 共安排30点次。分布在5个乡（街道办事处）的14个村。

2. 校正试验 共安排小麦试验50点次，分布在5个乡（街道办事处）的22个村。

（二）试验示范效果

1.“3414”完全试验 小麦“3414”试验共有30点次。共获得三元二次回归方程28个，相关系数全部达到极显著水平。见表6-2。

2. 校正试验（示范） 完成小麦校正试验48点次，通过校正试验，3年小麦平均配方施肥比常规施肥亩增产小麦41.61千克，增产率14.42%，亩增纯收益69.34元。

表 6-2 "3414"试验肥料效应函数（三元二次）

试验地点	试验作物	方程系数										显著性检验			备注
		b0	b1	b2	b3	b4	b5	b6	b7	b8	b9	F	$F_{0.05}$	R Square	
凤城镇西赵村（商建民）09	小麦	459.23	−27.97	14.46	23.30	0.02	−0.97	−0.71	2.88	0.41	−2.70	1.12	0.49	0.72	
上马单家营（杨玉青）09	小麦	222.50	15.27	−10.16	−0.51	−0.26	1.66	−0.47	−1.30	0.06	0.79	0.57	0.78	0.56	
上马单家营（宋荷叶）09	小麦	195.50	−22.48	22.06	24.85	−0.01	0.20	0.06	2.18	1.07	−4.93	0.82	0.63	0.65	
凤城镇林城村（宁波）09	小麦	363.86	6.65	1.92	5.77	−0.02	−0.25	−0.41	−0.82	−0.07	0.71	0.77	0.66	0.63	
凤城镇林城村（张来喜）09	小麦	309.27	8.53	−10.83	23.95	−0.41	−0.46	−1.00	1.35	−0.97	0.38	3.57	0.12	0.89	
新田乡乔村（杨西山）09	小麦	380.48	7.45	1.64	5.20	−0.35	−0.57	−0.36	0.31	−0.11	0.33	1.54	0.36	0.78	
高村乡西贺村（常小铁）09	小麦	122.08	16.72	−20.82	32.53	−0.34	−0.14	−1.32	1.32	−1.85	0.98	3.20	0.14	0.88	
高村乡西贺村（淮和平）09	小麦	64.56	9.35	1.06	18.96	0.21	1.53	−0.44	−1.10	−1.02	−0.59	0.28	0.95	0.39	
上马办西南张村（裴克温）10	小麦	274.46	5.05	9.33	18.43	−0.60	−3.38	−1.18	2.25	−0.93	1.12	1.92	0.28	0.81	
上马办西南张村（王爱玲）10	小麦	261.10	0.84	36.83	−3.30	−0.37	−1.68	−0.84	−1.02	1.40	−0.30	0.98	0.55	0.69	
新田乡乔村（杨西山 1）10	小麦	478.74	21.03	−17.01	−1.01	−0.31	0.81	−0.19	−0.51	−0.97	2.00	19.24	0.01	0.98	
新田乡乔村（杨西山 2）10	小麦	466.61	4.09	−20.60	21.12	−0.31	−0.75	0.47	2.84	−1.91	−0.05	1.64	0.33	0.79	
新田乡乔村（杨西山 3）10	小麦	512.74	4.49	−8.15	12.19	−0.34	−0.89	−0.30	1.12	−0.89	0.61	1.95	0.27	0.81	
凤城镇城小村（余福生）10	小麦	196.18	−5.90	−5.41	40.56	−1.07	−1.45	−0.65	4.81	−0.77	−2.46	1.96	0.27	0.82	
凤城镇南杨村（张红才）10	小麦	279.19	−10.12	34.49	16.31	−0.54	−1.92	−0.75	1.03	1.07	−1.97	0.38	0.89	0.46	
凤城镇南杨村（张水旺）10	小麦	300.03	−4.99	6.27	9.41	−0.12	0.43	−0.42	0.89	0.39	−1.18	1.29	0.43	0.74	
新田乡汾上村（马郇阳）10	小麦	257.19	6.41	0.63	4.68	−0.57	−0.97	0.08	1.18	−0.33	0.87	2.86	0.16	0.87	

（续）

试验地点	试验作物	方程系数										显著性检验			备注
		b0	b1	b2	b3	b4	b5	b6	b7	b8	b9	F	$F_{0.05}$	R Square	
新田乡汾上村（刘凤英）10	小麦	231.26	−14.69	45.64	6.49	0.38	−2.39	0.01	0.88	0.53	−1.61	2.31	0.22	0.84	
高村乡东高村（赵梅英）11	小麦	290.13	−15.14	−8.85	30.98	0.21	−0.80	−0.34	3.28	−1.26	−1.61	1.73	0.31	0.80	
高村乡东高村（赵有智）11	小麦	176.07	25.00	5.95	−16.31	−0.68	−1.42	0.30	−0.83	−0.63	2.43	1.58	0.35	0.78	
上马办东阳呈（石如意）11	小麦	249.47	20.80	−21.42	15.11	−0.81	−0.78	−0.12	1.11	−1.87	2.55	4.50	0.08	0.91	
上马办东阳呈（石新茂）11	小麦	415.92	−1.81	50.39	−15.43	−1.18	−1.57	−0.86	−1.11	3.61	−1.80	4.78	0.07	0.91	
凤城镇凤城村（黄全福）11	小麦	387.71	25.27	−22.63	−7.14	−0.92	−0.38	−0.86	0.13	−0.18	3.13	4.16	0.09	0.90	
凤城镇凤城村（黄成义）11	小麦	275.57	−14.03	31.16	4.87	−0.51	0.09	−0.24	0.65	2.40	−4.13	2.34	0.21	0.84	
新田乡宋郭村（胥成社）11	小麦	502.00	7.40	16.70	−6.72	−0.31	−1.49	−1.08	−1.21	0.88	1.77	4.20	0.09	0.90	
新田乡宋郭村（胥建社）11	小麦	542.55	3.04	7.67	3.77	−0.07	0.32	−1.81	−1.28	1.29	1.15	3.89	0.10	0.90	
张村镇大李村（许贵青）11	小麦	294.50	56.90	−53.58	−4.24	−0.69	−1.96	−1.44	−0.70	−3.63	8.62	3.50	0.12	0.89	
张村镇大李村（裴启祥）11	小麦	244.36	1.13	4.65	15.84	−0.69	−1.84	−0.57	2.00	0.06	−0.81	2.39	0.21	0.84	

①方程形式为：$y=b_0+b_1x_1+b_2x_2+b_3x_3+b_{11}x_1^2+b_{22}x_2^2+b_{33}x_3^2+b_{12}x_1x_2+b_{13}x_1x_3+b_{23}x_2x_3$，其中 x_1、x_2、x_3分别对应N、P、K；
②表中回归系数为编码值系数。

3 年来，侯马市累计推广配方施肥 52 万亩次，共推广小麦 28.1 万亩次，增产5 701.9 吨，增加纯收益 1 180.029 万元；累计推广玉米配方施肥 23.9 万亩，共增产玉米 9 000.5 吨，增加纯收益 1 717.1 万元。

六、初步建立了小麦测土配方施肥丰缺指标体系

（一）初步建立了作物需肥量、肥料利用率、土壤养分校正系数等施肥参数

1. 作物需肥量　作物需肥量的确定，首先应掌握作物百千克经济产量所需的养分量。通过对正常成熟的农作物全株养分的分析，可以得出各种作物的百千克经济产量所需养分量。侯马市小麦 100 千克产量所需养分量为 N：3.0 千克、P_2O_5：1.25 千克、K_2O：2.5 千克。

2. 土壤供肥量　土壤供肥量可以通过测定基础产量，土壤有效养分校正系数两种方法计算：

（1）通过基础产量计算：不施肥区作物所吸收的养分量作为土壤供肥量，计算公式：

土壤供肥量＝［不施肥养分区作物产量（千克）÷100］×百千克产量所需养分量（千克）

（2）通过土壤有效养分校正系数计算：将土壤有效养分测定值乘一个校正系数，以表达土壤“真实”的供肥量。

确定土壤有效养分校正系数的方法是：校正系数＝缺素区作物地上吸收该元素量/该元素土壤测定值×0.15。根据这个方法，初步建立了侯马市小麦的碱解氮、有效磷、速效钾的校正系数（表 6－3）。

表 6－3　不同肥力土壤养分校正系数

作物	土壤养分	不同肥力土壤养分校正系数		
		高肥力	中肥力	低肥力
小麦	碱解氮	0.27	0.53	0.65
	有效磷	0.52	0.95	1.26
	速效钾	0.11	0.14	0.22

3. 肥料利用率　肥料利用率通过差减法来求出。方法是：利用施肥区作物吸收的养分量减去不施肥区作物吸收的养分量，其差值为肥料供应的养分量，再除以所用肥料养分量就是肥料利用率。根据这个方法，初步得出侯马市小麦田肥料利用率分别为：N：32％、P_2O_5：12.5％、K_2O：35％。

4. 小麦目标产量的确定方法　利用施肥区前 3 年平均单产和年递增率为基础确定目标产量，其计算公式是：

目标产量（千克/亩）－（1＋年递增率）×前 3 年平均单产（千克/亩）

小麦的递增率为 10％～15％为宜。

5. 施肥方法　最常用的施肥方法有条施、撒施、穴施、轮施和放射状施。推广应用研究条施、穴施、轮施或放射状施。试验采用穴施或条施，施肥深度 8～10 厘米。施肥旱

地地区基肥一次施入；氮肥分基肥、追肥施入，采取基肥占60%～70%，现蕾期30%～40%追肥原则。

（二）初步建立了小麦丰缺指标体系

通过对各试验点相对产量与土壤测量值的相关分析，按照相对产量达≥95%、95%～90%、90%～75%、75%～50%、<50%将土壤养分划分为极高、高、中、低、极低5个等级，初步建立了“侯马市小麦测土配方施肥丰缺指标体系”。同时，根据“3414”试验结果，采用一元模型对施肥量进行模拟，根据散点图趋势，结合专业背景知识，选用一元二次模型或线性加平台模型推算作物最佳产量施肥量。按照土壤有效养分分级指标进行统计、分析，求平均值及上下限。

1. 小麦碱解氮肥丰缺指标 由于碱解氮的变化大，建立丰缺指标及确定对应的推荐施肥量难度很大，目前我们在实际工作中应用养分平衡法来进行施肥推荐（表6-4）。

表6-4 侯马市小麦碱解氮丰缺指标

等级	相对产量（%）	土壤碱解氮含量（毫克/千克）
极高	>90	>87.19
高	85～90	76.68～87.19
中	80～85	67.43～76.68
低	70～80	52.14～67.43
极低	<70	<52.14

2. 小麦有效磷丰缺指标 （表6-5）。

表6-5 侯马市小麦有效磷丰缺指标

等级	相对产量（%）	土壤有效磷含量（毫克/千克）
极高	>90	>17.47
高	85～90	14.47～17.47
中	80～85	11.98～14.47
低	70～80	8.22～11.98
极低	<70	<8.22

3. 小麦速效钾丰缺指标 （表6-6）。

表6-6 侯马市小麦速效钾丰缺指标

等级	相对产量（%）	土壤速效钾含量（毫克/千克）
极高	>95	>258.63
高	90～95	226.35～258.63
中	85～90	198.11～226.35
低	75～85	151.75～198.11
极低	<75	<151.75

第三节　主要作物不同区域测土配方施肥方案

立足侯马市实际情况，根据历年来的小麦、玉米、果树、蔬菜等作物的产量水平，土壤养分检测结果，田间肥料效应试验结果，同时结合侯马市农田基础，制订了小麦、玉米、果树、蔬菜等配方施肥方案，提出了小麦、玉米、果树、蔬菜的主体施肥配方方案，并和配方肥生产企业联合，大力推广应用配方肥，取得了很好的实施效果。

制定施肥配方的原则：

（1）施肥数量准确：根据土壤肥力状况、作物营养需求，合理确定不同肥料品种施用数量，满足农作物目标产量的养分需求，防止过量施肥或施肥不足。

（2）施肥结构合理：提倡秸秆还田，增施有机肥料，兼顾中、微量元素肥料，做到有机、无机相结合，氮、磷、钾养分相均衡，不偏施或少施某一养分。

（3）施用时期适宜：根据不同作物的阶段性营养特征，确定合理的基肥、追肥比例和适宜的施肥时期，满足作物养分敏感期和快速生长期等关键时期的养分需求。

（4）施用方式恰当：针对不同肥料品种特性、耕作制度和施肥时期，坚持农机农艺结合，选择基肥深施、追肥条施穴施、叶面喷施等施肥方法，减少撒施、表施等。

一、小麦科学施肥指导意见

（一）水浇地小麦

1. 肥水管理原则

（1）根据底（基）肥施用情况、苗情和土壤肥力状况科学确定追肥用量，因地因苗追肥。

（2）根据土壤墒情和保水、保肥能力，合理确定灌水时间和用量，水、肥管理相结合。

（3）抓住早春土壤解冻和小麦返青拔节的有利时机，及时采取促控措施，促进弱苗转化，提高成穗数；同时控制旺长田块，预防后期倒伏或贪青晚熟。

2. 肥水管理指导意见

（1）受旱严重的麦田：对于受旱严重、出现点片黄苗、死苗的麦田，于早春土壤解冻后立即浇水保苗，同时每亩施用尿素7～10千克，促苗返青早发，待返青生长后再在起身拔节期结合浇水每亩追施尿素10～15千克。

（2）三类麦田：对返青前每亩总茎数小于45万，叶色较淡、长势较差的三类麦田，应及时进行肥水管理，春季追肥可分2次进行。第1次在返青期，随浇水每亩追施尿素5～8千克；第二次在拔节期随浇水每亩追施尿素10～15千克。

（3）二类麦田：对返青前每亩总茎数为45万～60万，群体偏小的二类麦田，在小麦起身期结合浇水每亩追施尿素12～15千克。

（4）一类麦田：对返青前每亩总茎数为60万～80万，群体适宜的一类麦田，可在拔节初期结合浇水每亩追尿素10～15千克。

（5）返青前旺长的麦田：对返青前每亩总茎数大于 80 万、叶色浓绿，有旺长趋势的麦田，应采取中耕镇压，减少氮肥施用，以控制群体旺长，预防倒伏和贪青晚熟。一般可在拔节中后期每亩施尿素 8～10 千克。

对底肥未施磷肥或缺磷地块，在春季第一次追肥时要配施磷酸二铵，不能及时灌溉或无有效降水的，采用叶面喷施尿素和磷酸二氢钾，可起到以肥济水的作用。有条件的地区可增施锰、硼、锌肥等微量元素肥料。

（二）旱地小麦

1. 肥水管理原则

（1）结合不同地区的土壤墒情和苗情，抓住时机，尽早采取有效的抗旱保墒措施。

（2）进行早春追肥和化学调控，促控结合，保证旱地小麦稳产、增产。

2. 肥水管理指导意见

（1）旱地小麦应及时采取有效的保水措施，防止和减少早春小麦封行前土壤水分大量损失。于土壤解冻返青前适时镇压，破除坷垃，沉实土壤，提墒保墒。镇压要与划锄结合，先压后锄。对于扩浇过越冬水的旱地，于解冻返青前及早划锄，破除板结，消除裂缝。小麦封行前，还可每亩用 200～300 千克小麦或玉米秸秆在行间覆盖，以减少土壤水分无效的蒸发损失。

（2）肥料投入不足的田块，要抓住时机，适时进行小麦早春追肥。旱地小麦可在 2 月底到 3 月 10 日左右进行一次“顶凌追肥”或结合降雨施肥，缺氮田块每亩用尿素 5～7 千克，缺磷田块每亩用磷酸二铵 7～10 千克，采用施肥机（耧）施入土壤。有扩浇条件的旱地，结合春季灌水，缺氮田块每亩施尿素 7～10 千克，缺磷田块施磷酸二铵 10～15 千克。

（3）对于播种较早，施肥量高造成冬前旺长的田块，要促控结合。对于没有灌溉条件的旱地，要及早镇压划锄、提墒保墒。对于扩浇过越冬水的旱地，应及早划锄并将春季浇水推迟至拔节后期。

对小麦进行的施肥建议：

（1）产量水平 200 千克/亩以下：小麦产量在 200 千克/亩以下地块，氮肥（N）用量推荐为 3～5 千克/亩，磷肥（P_2O_5）用量 2～3 千克/亩，钾肥（K_2O）用量为 1～2 千克/亩。

（2）产量水平 200～350 千克/亩：小麦产量在 200～350 千克/亩的地块，氮肥（N）用量推荐为 4～6 千克/亩，磷肥（P_2O_5）3～5 千克/亩，钾肥（K_2O）用量为 2～4 千克/亩。

（3）产量水平 350～450 千克/亩：小麦产量在 350～450 千克/亩的地块，氮肥（N）用量推荐为 6～8 千克/亩，磷肥（P_2O_5）4～7 千克/亩，钾肥（K_2O）用量为 3～5 千克/亩。

（4）产量水平 450 千克/亩以上：小麦产量在 450 千克/亩以上的地块，氮肥（N）用量推荐为 7～10 千克/亩，磷肥（P_2O_5）6～9 千克/亩，钾肥（K_2O）用量为 4～6 千克/亩。

二、玉米科学施肥指导意见

（一）春玉米施肥指导意见

1. 存在问题与施肥原则 春玉米生产存在的主要施肥问题有：

（1）氮肥一次性施肥面积较大，在一些地区易造成前期烧种烧苗和后期脱肥。

（2）有机肥施用量较少，秸秆还田比例较低。

（3）种植密度较低，保苗株数不够，影响肥料应用效果。

（4）土壤耕层过浅，影响根系发育，易旱易倒伏。

根据上述问题，提出以下施肥原则：

（1）氮肥分次施用，适当降低基肥用量、充分利用磷钾肥后效。

（2）土壤 pH 高、高产地块和缺锌的土壤注意施用锌肥。

（3）增加有机肥用量，加大秸秆还田力度。

（4）推广应用高产耐密品种，适当增加玉米种植密度，提高玉米产量，充分发挥肥料效果。

（5）深松打破犁底层，促进根系发育，提高水肥利用效率。

2. 施肥建议

（1）施肥量：

①春玉米产量 400 千克/亩以下地块，氮肥（N）用量推荐为 8～10 千克/亩，磷肥（P_2O_5）用量 3～4 千克/亩，土壤速效钾含量<120 毫克/千克时，补施钾肥（K_2O）2 千克/亩。亩施农家肥 1 000 千克以上。

②春玉米产量 400～500 千克/亩地块，氮肥（N）用量推荐为 9～11 千克/亩，磷肥（P_2O_5）用量 4～5 千克/亩，土壤速效钾含量<120 毫克/千克时，适当补施钾肥（K_2O）2～3 千克/亩。亩施农家肥 1 000 千克以上。

③春玉米产量在 500～650 千克/亩的地块，氮肥（N）用量推荐为 11～14 千克/亩，磷肥（P_2O_5）为 5～6 千克/亩，钾肥（K_2O）为 3～5 千克/亩。亩施农家肥 1 500 千克以上。

④春玉米产量在 650～750 千克/亩的地块，氮肥（N）用量推荐为 13～16 千克/亩，磷肥（P_2O_5）为 7～9 千克/亩，钾肥（K_2O）为 4～6 千克/亩。亩施农家肥 2 000 千克以上。

⑤春玉米产量在 750～850 千克/亩的地块，氮肥（N）用量推荐为 16～18 千克/亩，磷肥（P_2O_5）为 10～13 千克/亩，钾肥（K_2O）为 5～7 千克/亩。亩施农家肥 2 000 千克以上。

⑥春玉米产量在 850 千克/亩以上的地块，氮肥（N）用量推荐为 17～19 千克/亩，磷肥（P_2O_5）为 12～15 千克/亩，钾肥（K_2O）为 6～8 千克/亩。亩施农家肥 2 000 千克以上。

（2）施肥方法：

①作物秸秆还田地块要增加氮肥用量 10%～15%，以协调碳氮比，促进秸秆腐解。

②大力提倡化肥深施，坚决杜绝肥料撒施。基、追肥施肥深度要分别达到 15～20 厘米、5～10 厘米。

③施足底肥，合理追肥。一般有机肥、磷、钾及中、微量元素肥料均作底肥，氮肥则分期施用。春玉米田氮肥 60%～70%作底施、30%～40%作追施，在质地偏沙、保肥性能差的土壤，追肥的用量可占氮肥总用量的 50%左右。

（二）夏玉米科学施肥方案

1. 夏玉米施肥量

①产量水平 400 千克/亩以下：氮肥（N）9～11 千克/亩，磷肥（P_2O_5）2～3 千克/亩。

②产量水平 400～600 千克/亩：氮肥（N）10～12 千克/亩，磷肥（P_2O_5）3～4 千克/亩，钾肥（K_2O）3～4 千克/亩，硫酸锌：1 千克/亩。

③产量水平 600 千克/亩以上：氮肥（N）12～15 千克/亩，磷肥（P_2O_5）4～5 千克/亩，钾肥（K_2O）4～5 千克/亩，硫酸锌：1～2 千克/亩。

2. 施肥方法 磷肥、钾肥和氮肥的 30％做基肥或在苗期施入，氮肥的 70％在大喇叭口期施入。

三、果树施肥指导意见

（一）苹果

1. 苹果树的需肥特点

（1）苹果是多年生深根性作物，其根、茎、枝在越冬期间可储存大量有机养分，对翌年芽体萌发、展叶、开花、授粉、坐果及春梢前期生长发挥着主要作用，并与生长期间叶片的光合产物来维持树体的周年生长和养分供应。

（2）苹果树是需肥较多的作物，在生长期间需大量的氮、磷、钾、钙、镁；微量元素也是必不可少的，否则易引起营养生长与生殖生长失调，或导致树体或果实出现缺素症。

（3）因苹果是多年生树种，且固定在一处生长结果，只有合理施肥才能补充和调节营养元素的不足与平衡。

（4）果树不断生长，树体不断扩大，营养生长需氮肥多，生殖生长则要求磷、钾较多。

（5）在一些密植旱地果园，因肥料发挥较慢，施肥要做到有机、无机相结合，速效、迟效相结合，氮、磷、钾相结合，以满足树体生长发育对各种营养元素的需求，确保营养的周年供应。

2. 苹果树施肥时期 苹果树地上枝叶生长与地下根系生长高峰是相互错开的。3 月上中旬，当地上部分还没有萌芽时，地下部根系便开始大量生长，此时为全年根系生长的第一个高峰；5 月下旬至 6 月上旬，当地上部新梢基本停止生长后，根系进入全年第二次生长高峰；9 月上中旬当果实迅速膨大过后，或秋梢生长基本停止，根系生长出现第三次生长高峰。因此在苹果树的栽培管理上，就是利用这三次根系生长高峰，及时把有机、无机肥料施入果树根系周围的土壤中，以满足苹果树生育对养分的需求。因此，苹果树的施肥可分为 3 个阶段，第一次是在 9 月中下旬，这次施肥主要为树体积累储存养分，并对后期果实着色和强化叶片光合作用起到十分重要的作用；第二次可在萌芽前 3 月上中旬，这次施肥主要为萌芽、展叶、新梢生长打好基础；第三次施肥在 5 月下旬到 6 月下旬，这次施肥对果实膨大与花芽分化关系十分密切，特别是对花芽分化和克服大小年结果有着决定性作用。因此，这次施肥应稍加大用量。

3. 苹果树施肥方法 施肥可分为基肥、追肥、叶喷、涂干等多种方法相结合的立体施肥方法。基肥以有机肥和适量化肥为主，占总施肥量的 60％～80％，于果实采收前后 10 月上旬至 11 月中旬，也可在翌年 2 月下旬至 3 月中旬施入；追肥前期以氮为主，促叶促春梢，中后期以磷、钾肥为主，促进花芽形成，占总施肥量的 20％～40％，于 6 月上旬花后施入；叶喷、涂干于6～8月进行。

农谚讲："根生土中间，喘气最为先，宁叫根赶肥，不让肥伤根，施肥一大片，施到吸收点；3月促春梢，以氮最为多，6月成花芽，磷钾需量多。"具体讲盛果期通常采用两种施肥方法：一是全园撒施，先把有机肥和适量化肥混匀，均匀撒于地面，结合秋深翻将肥料翻入耕层中；二是放射沟施，每株树挖4～5个放射沟，或在树冠外缘挖深宽各30～40厘米的环状沟，再以树干为中心，从不同的方向挖几条放射沟，与环状沟相接，将肥料施入埋严，使耕作层肥沃、松软。注意施肥后必须浇水保墒，或降水前施肥，因为肥料只有溶解后才能吸收利用，不浇水等于没施肥。

4. 苹果树施肥种类与用量　3月上旬应以氮磷为主，对6年生以上的盛果期树，每株施果树专用肥0.5～1.5千克；5月下旬至6月上旬以磷钾肥为主，每株施硫酸钾优质肥0.5～1.0千克；9月下旬以有机肥为主，原则上还配施少量磷肥；质量低劣的叶面肥在幼果期不宜使用，以防止产生果锈和药害的发生。

（二）桃树

1. 需肥特性

（1）桃树的根系发达，侧根和须根较少，吸收力强，但根系分布浅，集中在地表下20～40厘米的土层。如营养不足，就会影响树势、产量、品量和寿命。所以施肥宜深不宜浅，浅施更易引起根系上浮。

（2）桃在幼树期，如施氮肥过量，常引起徒长，难成花，花芽质量差，投产迟，落果少，流胶病重。特别是土壤肥沃、肥水充足的强健树，谢花后施氮肥过多，枝梢猛长，落果重。果实生长后期，如施化学氮肥过少，果实糖分少、味淡，风味差。盛果期需氮肥少，如氮不足，易引起树势早衰，盛果期缩短。弱树如氮素不足，又会引起枝梢细短，叶黄果小，产量和品质降低。在衰老期，氮素充分，可促进少发新梢，推迟衰老进程；反之，氮不足，又会加速衰老，缩短植株寿命。

（3）梢果抢夺养分矛盾突出，桃的新梢生长与果实发育皆在同一时期，因而梢果抢夺养分的矛盾特地突出。

（4）桃树对钾的需要量大，特别是果实发育期钾的需要量为氮的3.2倍，钾对增大果实和提高品量有显著作用。

（5）桃最适应的土壤pH为5～6，pH高于8易发生缺锌症，低于4又易发生缺镁症，吸收氮要在偏酸条件下才能停止，故施肥时必须注意土壤酸碱度的调节。

2. 施肥要点

（1）幼树施肥　四年生以下的幼桃树，如土壤疏松肥沃，生长非常旺盛，一年生直立枝可长达2米以上，但分枝细长，花芽形成小而弱，不能提早结果。因此在施肥上，每年2～4月施适量氮肥，以促进发叶抽梢，第一年每株每月施腐熟人畜粪尿水20千克或灌水后每株施尿素20克；5～6月以磷肥为主、钾次之、氮少施，以免施氮过少，引起徒长，每株每月施磷铵钾、复合肥30克；7～9月以钾为主、磷为次，控施氮或不施氮，每株每次施磷铵钾复合肥30～40克。以后的施肥，从第二年起，逐年依次递增0.5倍至1倍。

（2）大树施肥及确定施肥量的依据：

①果实带走养分的数量。据生产实践证明，亩产1 800～2 200千克的桃园，果实需要

的纯氮为11.3～11.6千克、纯磷为3.6～4.5千克、纯钾为13.1～15.0千克。桃产区测定，每产100千克果实、需纯氮0.5千克、纯磷0.2千克、纯钾0.6～0.7千克。加上根系枝叶生长的需要，雨水的淋洗流失和土壤固定，土壤肥力中等的桃园，每年的施肥量应为果实带走的2～3倍。

②以形态上诊断。氮不足表现为叶黄，枝短，生长停止早；过剩表现为徒长。磷不足，根和枝梢生长不良，果实生暗色斑点，品质差；磷肥过量，坐果率低，果实发育不正常，果小味淡，成熟迟，腐烂快，并导致缺锌症。钾不足，叶小而色淡，叶面皱而有黄斑，在夏季叶片先端枯而内卷，症状严重时叶缘发生焦斑，焦斑边缘与健全部产生离层而全部穿离。钾在果实上消耗最大，产量越高越要少施。缺钙，叶的大小不变，但呈暗色并内卷，晚期叶身中央部变色，叶身1/3左右枯死溃烂。缺镁，少雨天气最易发生，表现为叶脉间的绿色消逝，仅叶脉仍呈绿色，与缺铁很相似。缺锌，叶缘卷缩，叶变狭小，叶脉间变黄白色，新梢先端细，节间短缩，叶密生或轮生，严重时叶身败坏枯死，并在已老熟时落掉而致新梢光裸，影响花芽分化，结果少，果实少畸形。缺硼，枝条顶端枯死，在枯死下端很少新生枝条，叶片变小并出现畸形，果实初期部分出现不规则的倒毛，倒毛部底色暗绿，以后随果实增大由暗绿转为深绿，并开始穿毛，出现硬斑，逐步木栓化，以后果实呈畸形。缺铁，茎叶萎黄，片面发生黄白色网脉，叶缘呈褐色烧焦状。

③施肥要点。

a. 基肥　春季9～10月是桃树施基肥的最佳时期。施肥方法，幼树用全环沟，成年树用半环沟、辐射沟、扇形坑等均可。肥料用厩肥、堆肥、土杂肥、绿肥、饼肥均可，掺适量化学磷钾肥，要求元素全、数量足、浓度高、比例协调，一般株产80～100千克的大树，应施厩肥100～120千克，钙镁磷（或过磷酸钙）2～3千克，硫酸钾1千克，硼砂100克。

b. 追肥　一年追施3次。花前肥，在花芽膨大时施，以速效氮肥为主，钾肥为辅，结果大树每株施腐熟清人畜粪尿水100千克（或尿素500～800克），硫酸钾300克，结合灌花前水施入，效果好而又省工。壮果肥，在果实迅速膨大期施，三要素的比例为：氮25%，磷35%，钾40%。采果肥，早熟品种在采果后施，中晚熟品种在采果前30天施，三要素的比例是：氮40%，磷、钾各30%。

c. 根外追肥　在生长期，根据树体和果实生长所需的不同养分，用化肥兑水喷施叶枝花果，特地要注意喷施硼、钙、镁、锌等微肥。一般在花后、果实膨大和采果前25天，各喷一次500倍桃树专用肥，从果实膨大期起，每隔半月喷一次300～350倍磷酸二氢钾，连喷2～3次，以提高果实糖的含量和品量。

四、蔬菜施肥指导意见

（一）番茄

1. 需肥特点　番茄为一年生草本植物，属于茄果类蔬菜。番茄对土壤要求不太严格，但适宜土层深厚，排水良好，富含有机质的肥沃土壤。番茄的生育周期大致分为发芽期、幼苗期、开花坐果期和结果期。

番茄产量高，需肥量大，耐肥能力强，番茄生长发育不仅需要氮、磷、钾大量元素，还需要钙、镁等中微量元素，番茄对钾、钙、镁的需要量较大。一般认为每 1 000 千克番茄需氮（N）2.1～3.4 千克，磷（P_2O_5）0.64～1.0 千克，钾（K_2O）3.7～5.3 千克，钙（CaO）2.5～4.2 千克，镁（MgO）0.43～0.90 千克。番茄在不同生育时期对养分的吸收量不同，其吸收量随着植株的生长发育而增加，在幼苗期以氮素营养为主，在第一穗果开始结果时，对氮、磷、钾的吸收量迅速增加，氮在三要素中占 50%，钾只占 32%，到结果盛期和开始收获期，氮只占 36%，而钾已占 50%。氮素可促进番茄茎叶生长，叶色增绿，有利于蛋白质的合成。磷能够促进幼苗根系生长发育，花芽分化，提早开花结果，改善品质，番茄对磷的吸收不多，但对磷敏感。钾可增强番茄的抗性，促进果实发育，提高品质。番茄缺钙果实易发生脐腐病、心腐病及空洞果。番茄对缺铁、缺锰和缺锌都比较敏感。番茄生长量大、产量高，需肥量大，并且番茄采收期较长，必须有充足的营养才能满足其茎叶生长和陆续开花结果的需要，所以番茄施肥应施足基肥，及时追肥，并且需要边采收边供给养分。

2. 施肥技术　番茄全生育期每亩施肥量为农家肥 3 000～3 500 千克（或商品有机肥 400～450 千克），氮肥（N）17～20 千克、磷肥（P_2O_5）6～8 千克、钾肥（K_2O）11～14 千克。有机肥做基肥，氮、钾肥分基肥和追肥施用，磷肥全部作基肥，化肥和农家肥（或商品有机肥）混合施用。

（1）基肥：基肥施用农家肥每亩 3 000～3 500 千克（或商品有机肥 400～450 千克），尿素 5～6 千克、磷酸二铵 13～17 千克、硫酸钾 7～8 千克。

（2）追肥：第一穗果膨大期追肥：第一穗果开始膨大时，根系吸收养分能力旺盛，此时养分供应十分重要，追肥可以供给果实迅速膨大所需要的养分，是番茄一生中重点追肥期。一般亩施尿素 8～9 千克，硫酸钾 5～6 千克。

第二穗果膨大期追肥：进入果实旺长期后，需肥量较多，如果供肥不足，会造成植株早衰，果实发育不饱满，果肉薄，品质差，追肥可以达到壮秧、防早衰、促进果实膨大和提高果实品质的目的。一般亩施尿素 11～13 千克、硫酸钾 6～8 千克。

第三穗果膨大期追肥：一般可亩施尿素 8～9 千克、硫酸钾 5～6 千克。

（3）根外追肥：第一穗果至第三穗果膨大期，叶面喷施 0.3%～0.5%的尿素和磷酸二氢钾。缺钙时可叶面喷施 0.5%的硝酸钙水溶液。土壤微量元素供应不足时，可以叶面喷施微量元素水溶肥料 2～3 次。设施栽培增施二氧化碳气肥，是增加光合强度、提高产量的有效措施。

（二）黄瓜

1. 需肥特点　黄瓜生长快、结果多、喜肥。但根系分布浅，吸肥、耐肥力弱，特别不能忍耐含高浓度铵态氮的土壤溶液，故对肥料种类和数量要求都较严格。据资料，每生产 1 000 千克黄瓜，需从土壤中吸取氮（N）1.9～2.7 千克，磷（P_2O_5）0.8～0.9 千克，钾（K_2O）3.5～4.0 千克。三者比例为 1∶0.5∶1.25。黄瓜定植后 30 天内吸氮量呈直线上升，到生长中期吸氮最多。进入生殖生长期，对磷的需要剧增，而对氮的需要略减。黄瓜全生育期都吸钾。黄瓜果实靠近果梗，果肩部分易出现苦味，产生苦味的物质是葫芦素（$C_{12}H_{50}O_8$），产生原因极复杂。从培育角度看，氮素过多、低温、光照和水分不足，以及植株生长衰弱等都容易产生苦味，因此黄瓜坐果期既要满足供给氮素营养，又要注意控制土壤溶液氮素营养浓度。

2. 黄瓜施肥要点 施足基肥。基肥以有机肥为主，一般每亩基施腐熟的猪厩粪2 500～3 000千克或土粪5 000千克以上，并配施计划总用化肥中磷肥的90%、钾肥的50%～60%和氮肥的30%～40%。

巧施坐果肥。黄瓜为无限花序，结果期较长，要求每结一次果后需要补以水肥。据菜农经验，采用灌浑水（即将肥料溶于水中，随水灌入畦内）与灌清水相结合，可防止肥劲过头，有利于黄瓜优质、丰产。追肥应掌握轻施、勤施的原则，一般每隔7～10天追一次肥，每次每亩用尿素10～15千克，并配以腐熟的粪稀，全生育期共追肥7～9次。

重视施用钾肥：在基肥用量不足或土壤缺钾的情况下，必须追施钾肥。钾对促进营养生长和生殖生长的平衡发展，增强黄瓜抗病性和改善黄瓜品质均有良好的作用。据有关研究，黄瓜生长初期缺钾，难以得收成；生育前半期缺钾，其产量仅为全生育施钾的1/9；后半期缺钾，尚还有1/3的收成。

结合喷施叶面肥：据实践，在生长中期喷施0.2%～0.3%磷酸二氢钾溶液，有良好效果。

第四节　小麦的施肥技术

一、侯马市小麦生产简况

侯马市的大田作物以小麦和玉米为主，占耕地面积的60%左右。其中2009年小麦面积9.3万亩，总产2 724.9万千克，平均亩产293千克。主要种植烟农21、烟农19、临选2035、临旱536等品种。

2010年小麦面积10.75万亩，总产3 073.4万千克，平均亩产285.9千克。主要种植烟农21、烟农19、临丰615等品种。

2011年小麦面积10.95万亩，总产3 405.56万千克，平均亩产311.01千克。主要种植济麦22、良星99、烟农21、烟农19等品种。

2009—2011年小麦生产上推广测土配方施肥、秸秆还田、适时适量播种、化控防冻防倒、氮肥后移、病虫害综合防治、节水高产栽培、叶面“三喷”、抗旱防冻减灾等技术。

高产田分布在凤城乡、上马街道办事处、张村街道办事处、新田乡；中产田分布在张村街道办事处、高村乡；低产田分布在上马街道办事处、高村乡。

小麦的需肥特征如下：

1. 小麦的需肥量 小麦对氮、磷、钾三要素的吸收量因品种、气候、生产条件、产量水平、土壤和栽培措施不同而有差异。据研究，目前中等产量水平下，每生产100千克籽粒，需从土壤中吸收氮3千克、磷1～1.5千克、钾3～4千克。随着小麦产量的提高，对氮、磷、钾的吸收比例也相应提高。

2. 小麦对养分的需求特性

（1）氮：氮是小麦营养中最为重要的元素之一，直接影响小麦的生长发育和产量的形成。缺氮会使小麦分蘖发生困难，同时也严重影响籽粒及面粉的品质。

（2）磷：磷以多种方式参与小麦的生长发育，起着细胞中结构成分与代谢活性化合物的作用。小麦缺磷，常引起根系发育受阻，分蘖减少，叶呈暗绿色而无光泽，成熟延迟，粒轻、品质差。磷肥可显著增加分蘖与次生根数及吸收能力，增加伤流量，提高小麦的抗寒性，所以磷肥要早施。

（3）钾：小麦缺钾的症状，为拔节孕穗期最为明显，表现为植株矮化，拔节迟缓，植株散生。茎秆机械组织发育不良，抽穗推迟，开花后叶片易出现枯黄早衰。钾与钙对小麦影响的关系为：高氮更易促发小麦缺钾；而钾能促进氮代谢。

（4）钙：钙作为植物细胞壁的组成成分以及细胞分裂、细胞延伸、染色体和细胞膜的稳定剂，对于小麦的生长发育有着重大的影响。小麦缺钙时，叶片呈灰色，心叶变白，以后叶尖枯萎。尤其是根系对钙十分敏感，常引起根尖死亡及根毛发育不良，严重影响根系的吸收功能。

（5）镁：镁不仅是叶绿素分子中的关键元素，影响叶片的光合作用，也是重要的活化剂，它可以活化多种酶，在蛋白质、核酸和碳水化合物代谢中起重要作用。小麦缺镁常表现为植株矮小，呈缺绿症。

（6）硼：硼对小麦的开花结实有着较大的影响。在土壤缺硼的情况下，小麦雄性器官发育受阻，花粉败育，造成不结实，而施硼后开花和结实正常。小麦对硼的反应不如双子叶植物如油菜、棉花那样敏感，一般不会出现缺素症。

（7）锰：锰能促进小麦的光合作用和呼吸作用，促进生长发育。缺锰的小麦植株发育不全，叶片细长、有不规则的斑点，老叶上的斑点呈灰色、浅黄色或亮褐色。

（8）铜：铜能影响呼吸作用中的氧化还原过程。缺铜的小麦常造成叶片变成针状卷曲，在严重缺乏的情况下，会影响穗的正常发育。此外，铜对小麦的抗寒越冬性有很大的影响。

（9）铁：由于铁与叶绿体和叶绿素的形成有关，缺铁会引起小麦叶脉间的组织黄化、呈明显的条纹，幼叶丧失形成叶绿素的能力。

（10）锌：缺锌小麦由于体内的生长素合成受阻而引起小叶丛生，植株矮化、缺绿。有关专家研究表明，冬小麦吸收锌的高峰在分蘖至越冬和起身至挑旗两个阶段；苗期和起身期是冬小麦锌营养吸收的关键时期。

（11）钼：施钼冬小麦具有出苗整齐、麦苗健壮、叶色深绿、叶挺、抗寒性强、分蘖早而多、穗多粒多、早熟等特点。有关专家提出冬小麦施钼有效的4个条件是：土壤pH低、土壤有效钼含量低、越冬期气温低及氮肥用量高。

3. 小麦各生育期需肥规律　小麦对氮、磷、钾养分的吸收量，随着植株营养体的生长和根系的建成，从苗期、分蘖期至拔节期逐渐增多，于孕穗期达到高峰。小麦不同生育期吸收氮、磷、钾养分的吸收率不同。氮的吸收有两个高峰：一个是从分蘖到越冬，这时小麦麦苗虽小，但这一时期的吸氮量占总吸收量的13.5%，是群体发展较快的时期；另一个是从拔节期到孕穗期，这一时期植株迅速生长，对氮的需要量急剧增加，吸氮量占总吸收量的37.3%，是吸氮最多的时期。小麦对磷、钾的吸收，一般随其生长的推移而逐渐增多，拔节后吸收率急剧增加，40%以上的磷、钾养分是在孕穗期以后吸收的。苗期是小麦的营养生长期，氮素代谢旺盛；同时对磷、钾反应敏感，所以施足基肥能促进早分蘖、早发根，为麦苗安全过冬、壮秆大穗打下基础。拔节期，小麦生殖生长和营养生长并进，养分的吸收和积累多，氮、钾积累已达最大值的一半，磷占40%左右。孕穗期养分吸收与积累量最大，地上部氮的积累量已达最大值的80%左右。磷、钾在85%以上。抽穗开花后，小麦根系吸收能力减弱至丧失，养分吸收量随之减少并趋于停止。

氮素在小麦冬前分蘖期和幼穗分化期、磷素在小麦三叶期、钾素在小麦拔节期是关键时期，而各养分最大的效率期分别是氮素在拔节至孕穗期、磷素在抽穗至开花期、钾素在孕穗期。

小麦虽然吸收锌、硼、锰、铜、钼等微量元素的绝对数量少，但微量元素对小麦的生长发育却起着十分重要的作用。据试验资料，每生产100千克小麦，需吸收锌约9克，在不同的发育期，吸收的大致趋势是：越冬前较多，返青、拔节期吸收量缓慢上升，抽穗成熟期吸收量达到最高，占整个生育期吸收量的43.2%。

二、小麦施肥技术

1. 肥料施用量 小麦的施肥量要根据产量水平、肥料种类、土壤肥力、前茬作物、品种类型和气候条件等综合考虑。目前生产上多采用以产量指标定施肥量的方法。就是根据每生产100千克小麦籽粒吸收氮、磷、钾的数量，计算出所定产量指标吸收氮、磷、钾的总量，再参考土壤肥力基础、肥料种类、肥料当季吸收利用率等，计算所需各种肥料的总量。全国化肥试验网总结的结果表明，冬小麦化肥的施用量分别为：纯N 10千克/亩、P_2O_5 4.97千克/亩、K_2O 5千克/亩。

2. 施肥时期

（1）基肥：高产小麦基本苗较少，要求分蘖成穗率高，这就要求土壤能为小麦的前期生长提供足够的营养。同时，小麦又是生育期较长的作物，要求土壤持续不断地供给养料，一般强调基肥要足。基肥的作用首先在于提高土壤养分的供应水平，使植株的氮素水平提高，增强分蘖能力；其次在于能够调节整个生长发育过程中的养分供应状况，使土壤在小麦生长的各个阶段都能为小麦提供各种养料，尤其是在促进小麦后期稳长不早衰上有特殊作用，高产条件下，基肥用量氮肥一般应占总用肥量的40%～60%，磷、钾肥全部作为基肥施入。

（2）种肥：种肥由于集中而又接近种子，肥效又高又快，对培育壮苗有显著作用。种肥的作用因土壤肥力、栽培季节等条件而异，对于基肥少的瘠薄地以及晚茬麦，增产作用较大；而对于肥力条件好或基肥用量多以及早播小麦，种肥往往无明显的增产效果。早施磷肥对小麦苗期根系发育及提高磷的利用率有很大的意义。种肥可采用沟施或拌种。

（3）苗肥：苗肥的作用是促冬前分蘖和巩固早期分蘖。小麦播种后15～30天，进入分蘖期，此时要求有充足的养分供应，尤其是氮素，否则分蘖发生延缓甚至不发生。施用苗肥，还能促进植株的光合作用，从而促进碳水化合物在体内的积累，提高抗寒力。

一般在小麦播种后15～30天或三叶期以前施入，氮肥用量为总施用量的10%～20%。

（4）拔节肥：拔节肥可以加强小花分化强度，增加结实率，改善弱小分蘖营养条件，巩固分蘖成穗，增加穗数，延长上部功能叶的功能期，减少败育小花数，提高粒重，因而具有非常重要的作用，氮肥用量为总施用量的30%～40%。但要防止过肥倒伏。

（5）根外喷肥：根外喷肥是补充小麦后期营养不足的一种有效施肥方法。由于麦田后期不便追肥，且根系的吸收能力随着生育期的推进日趋降低。因此，小麦生育后期追肥可采用叶面喷施的方法，这也是小麦增产的一项重要措施。

3. 冬小麦施肥技术　冬小麦在营养生长阶段（出苗—拔节期）的施肥，主攻目标是促分蘖和增穗；而在生殖生长阶段（孕穗—成熟期），其主攻目标是以增粒增重为主。根据小麦的生育规律和营养特点，应重视基肥和早施追肥，基肥用量一般应占总施肥量的60%～80%，追肥占20%～40%为宜。

（1）基肥的施用："麦喜胎里富，基肥是基础"，基肥不仅对幼苗早发、培育冬前壮苗、增加有效分蘖是必要的，而且也能为培育壮秆、大穗、增加粒重打下良好的基础。对于旱薄地小麦，可将全部肥料作为基肥一次性施入，即俗话所说的"一炮轰"施肥法。具体施肥方式为：把全量的有机肥和化肥于耕翻前撒在地表，翻入土中即可。对于水利条件较好的麦田，应采用重施基肥、巧施追肥的分次施肥法。具体施肥方式为：将全部有机肥、磷肥、钾肥和40%～60%的氮肥于耕翻前撒在地表翻入土中，其余40%～60%的氮肥作为追肥施用。

微肥可作为基肥，也可拌种。作基肥时，由于用量少，很难撒施均匀，可将其与适量细土掺和均匀后撒施地表，随即翻入土中。用锌、锰肥拌种时，每千克种子用硫酸锌2～6克，硫酸锰0.5～1克，拌种后随即播种。

（2）追肥的施用：巧施追肥是获得小麦高产的重要措施。追肥的具体时间要依据地力水平、基肥施用量和水利条件来确定，一般地力水平高、基肥用量多、水利条件好的地块可推迟到拔节后期追施；反之，则宜早追。

（3）根外喷肥的施用：根外喷肥是补充小麦后期营养不足的一种有效施肥方法。由于麦田后期不便追肥，且根系的吸收能力随着生育期的推进日趋降低，土壤追肥难以发挥作用。因此，在小麦生育中后期必须追肥时，可采用叶面喷施的方法，这也是小麦增产的一项应急措施。喷肥所用肥料品种及浓度一般为：2%～3%尿素溶液，具有增加千粒重和提高籽粒蛋白质的作用；0.3%～0.4%磷酸二氢钾溶液，对促进光合作用、加强籽粒形成有重要作用。微肥喷施浓度一般为0.1%，锌肥宜在苗期和抽穗期以后进行；硼肥宜在孕穗期喷施；锰肥可在拔节期、扬花期各喷一次。根外喷肥的时间宜选择在无风的下午16：00以后进行，以避免水分过快蒸发，降低肥效。

三、小麦科学施肥方案

（一）存在问题与施肥原则

针对侯马市冬小麦田氮磷钾化肥施用比例不合理，肥料增产效率下降，有机肥施用不足等问题，提出以下施肥原则：

1. 增施有机肥，提倡秸秆还田，有机无机配合。

2. 依据土壤肥力条件，适当调减氮肥用量，高效施用钾肥。

3. 因地因苗施肥，氮肥分期施用，根据苗情调整追肥数量和时期。

4. 肥料施用与高产优质栽培技术相结合。

（二）施肥方法

作物秸秆还田地块要增加氮肥用量10%～15%，以协调碳氮比，促进秸秆腐解。同时，要采用科学的施肥方法。一是大力推广应用化肥深施技术，坚决杜绝肥料撒施。基、追肥施肥深度要分别达到20～25厘米、5～10厘米。二是施足底肥，合理追肥。俗话说“麦收胎里富”，说明施足底肥是夺取小麦丰产的基础。一般有机肥、磷、钾及中微量元素肥料均作底肥，氮肥则分期施用。可灌溉的麦田氮肥总量的60%～70%底施、30%～40%追施；旱地麦田适当加大基肥比例，氮肥总量的80%作基肥，20%作追肥。追肥时期应在返青～拔节期依苗情由弱—壮—旺的顺序依次推迟，施用量也依次减少。旱地麦田视土壤墒情和降水情况及时追肥。三是搞好叶面喷肥，提质防衰。生长中后期喷施2%的尿素以提高籽粒蛋白质含量，防止小麦脱肥早衰；抽穗到乳熟期喷施0.2%～0.3%的磷酸二氢钾溶液以防止小麦贪青晚熟。

第五节　玉米的施肥技术

侯马市玉米生产简况

侯马市2009年种植玉米面积为7万亩，分布到侯马市3个乡2个街道办事处，主要品种有先玉335、浚单20、郑单958和永玉3号等，侯马市玉米单产450千克，总产量达到3 150万千克；2010年侯马市玉米面积为10.32万亩，单产为466千克，总产量达到4 809.12万千克；2011年侯马市玉米面积为10.35万亩，单产为460千克，总产量达到4 761万千克。

2009—2011年玉米生产上开始推广测土配方施肥、秸秆还田、病虫害综合防治、节水高产栽培，通过叶面喷施进行防虫防病、抗旱等技术。主要管理措施有：选用优种；造墒播种，提高播种质量；合理密植；平衡施肥，氮肥后移；严格防治病虫害；适当晚收，提高粒重。

高产田分布在凤城乡、上马街道办事处、张村街道办事处、新田乡，中产田分布在张村街道办事处、高村乡，低产田分布在上马街道办事处、高村乡。

玉米的需肥特征如下：

1. 玉米对肥料三要素的需要量　玉米是需肥水较多的高产作物，一般随着产量的提高，所需要营养元素也在增加。玉米全生育期吸收的主要养分中，以氮为多、钾次之、磷较少。玉米对微量元素尽管需要量少，但不可忽视，特别是随着施肥水平的提高，施用微肥的增产效果更加显著。

研究表明，一般每生产100千克玉米籽粒，需吸收氮2.2～4.2千克、磷0.5～1.5千克、钾1.5～4千克，肥料三要素的比例约为3∶1∶2。其中夏玉米吸收的氮、磷、钾分别为2.59、1.09和2.62千克，吸收比例为2.4∶1∶2.4。吸收量常受播种季节、土壤肥力、肥料种类和品种特性的影响。据多点试验的结果，玉米植株对氮、磷、钾的吸收量常随产量的提高而增多。

2. 玉米对养分需求的特点　玉米吸收的矿质元素多达20余种，主要有氮、磷、钾三种大量元素，硫、钙、镁等中量元素，铁、锰、硼、铜、锌、钼等微量元素。

（1）氮：氮在玉米营养中占有突出地位，是植物构成细胞原生质、叶绿素以及各种酶的必要元素。因此氮对玉米根、茎、叶、花等器官的生长发育和体内的新陈代谢作用都会产生明显的影响。

玉米缺氮，表现为株型细瘦，叶色黄绿。首先是下部老叶从叶尖开始变黄，然后沿中脉伸展呈楔形（V），叶边缘仍呈绿色，最后整个叶片变黄干枯。缺氮还会引起雌穗形成延迟，甚至不能发育，或穗小、粒少、产量降低。

（2）磷：磷在玉米营养中也占重要地位。磷是核酸、核蛋白的必要成分，而核蛋白又是植物细胞原生质、细胞核和染色体的重要组成部分。此外，磷对玉米体内碳水化合物的代谢有很大作用。由于磷直接参与光合作用过程，有助于合成双糖、多糖和单糖；磷还可促进蔗糖在植株体内的运输；磷又是三磷酸腺苷和二磷酸腺苷的组成部分，这说明磷对能量传递和储藏都起着重要作用。良好的磷素营养，对培育壮苗、促进根系生长，提高抗寒、抗旱能力都具有实际意义。再生长后期，磷对植株内营养物质运输、转化及再分配、再利用有促进作用。磷由茎、叶转移到果穗中，参与籽粒中的淀粉合成，使籽粒积累养分顺利进行。

玉米苗期缺磷，幼苗根系减弱，生长缓慢，叶色紫红；开花期缺磷，抽丝延迟，雌穗受精不完全，发育不良，粒行不整齐；后期缺磷，果穗成熟推迟。

（3）钾：钾对维持玉米植株的新陈代谢和其他功能的顺利进行起着重要作用。因为钾能促进胶体膨胀，使细胞质和细胞壁维持正常状态，因此可保证玉米植株多种生命活动的进行。此外，钾还是某些酶系统的活化剂，在碳水化合物代谢中起着重要作用。总之，钾对玉米生长发育以及代谢活动的影响是多方面的。如对根系的发育，特别是须根系形成、体内淀粉合成、糖分运输、抗倒伏、抗病虫害都起着重要作用。

玉米缺钾，生长缓慢，叶片黄绿色或黄色，首先表现为老叶边缘及叶尖干枯呈灼烧状，这是其突出的标志。缺钾严重时，生长停滞、节间缩短、植株矮小；果穗发育不正常，常出现秃顶；籽粒淀粉含量降低，粒重减轻，容易倒伏。

（4）硼：硼能促进花粉健全发育，有利于授粉、授精，结实饱满。硼还能调节与多酚氧化酶有关的氧化反应。

玉米缺硼，在玉米早期生长和后期开花阶段植株呈现矮小、生殖器官发育不良，易成空秆或败育，造成减产。缺硼植株新叶狭长，叶脉间出现透明条纹，稍后变白变干；缺硼严重时，生长点死亡。

（5）锌：锌是对玉米影响比较大的微量元素，锌的作用在于影响生长素的合成，并在光合作用和蛋白质合成过程中，起促进作用。

玉米缺锌，因生长素不足而细胞壁不能伸长，玉米植株发育缓慢，节间变短。幼苗期和生长中期缺锌，新生叶片下半部呈现淡黄色、甚至白色；叶片成长后，叶脉之间出现淡黄色斑点或缺绿色条纹，有时中脉与边缘之间出现白色或黄色组织条带或是坏死斑点，此时叶面都呈现透明白色，风吹易折；严重缺锌时，会使抽雄期与雌穗吐丝期相隔日期加大，不利于授粉。

（6）锰：玉米对锰较为敏感。锰与植物的光合作用关系密切，可提高叶绿素的氧化还原电位，促进碳水化合物的同化，并能促进叶绿素的形成。锰对玉米的氮素营养也有影响。

玉米缺锰，其症状是顺着叶片长出黄色斑点和条纹，最后黄色斑点穿孔，表示这部分组织已被破坏而死亡。

（7）钼：钼是硝酸还原酶的组成部分。缺钼将降低硝酸还原酶的活性，妨碍氨基酸、蛋白质的合成，影响正常氮代谢。

玉米缺钼，植株幼嫩叶首先枯萎，随后沿其边缘枯死；有些老叶顶端枯死，继而叶边和叶脉之间发展为枯斑甚至坏死。

（8）铜：铜是玉米植株内抗坏血酸氧化酶、多酚氧化酶等的成分，因而能促进代谢活动；铜与光合作用也有关系；铜又存在于叶绿体的质体蓝素中，它是光合作用电子供求关系体系的一员。

玉米缺铜时，叶片缺绿、弯曲、向外翻卷，叶顶干枯，失去膨压。严重缺铜时，正在生长的新叶死亡。因铜能与有机质形成稳定性强的螯合物，所以高肥力地块易缺有效铜。

3. 玉米各生育期对三要素的需求规律 玉米苗期生长相对较慢，只要施足基肥，便可满足其需要；拔节以后至抽雄前，茎叶旺盛生长，内部的生殖器官同时也迅速分化发育，是玉米整个生长发育中养分需求最多的时期，因此必须供应足够的养分，才能达到穗大、粒多、高产的目的；生育后期，籽粒灌浆时间较长，仍需供应一定量的肥、水，使之不早衰，确保灌浆充分。一般来讲，玉米有两个需肥关键时期，一是拔节至孕穗期；二是抽雄至开花期。玉米对肥料三要素的吸收规律为：

（1）氮素的吸收：玉米苗期至拔节期氮素吸收量占总氮量的10.4%～12.3%，拔节期至抽丝初期氮吸收量占总氮量的66.5%～73%，籽粒形成至成熟期氮吸收量占总氮量的13.7%～23.1%。

（2）磷素的吸收：玉米苗期吸磷量少，约占总磷量的1%，但相对含量高，该期是玉米需磷的敏感期；抽雄期吸磷量达高峰，占总磷量的38.8%～46.7%；籽粒形成期吸收速度加快，乳熟至蜡熟期达最大值，成熟期吸收速度下降。

（3）钾素的吸收：玉米钾素的吸收累积量在展三叶期仅占总量的2%，拔节后增至40%～50%，抽雄吐丝期达总量的80%～90%，籽粒形成期钾的吸收处于停止状态。由于钾的外渗、淋失，成熟期钾的总量有降低的趋势。

第六节 侯马市棉花、蔬菜施肥技术

一、棉花施肥技术

侯马市棉花生产情况如下：

1. 棉花生产简况 随着农业产业结构的调整，侯马市的棉花生产面积呈下降趋势，2009年侯马市的棉花种植面积达到8 600亩，单产达到380～410千克（籽棉）；2010年棉花种植面积为4 973.6亩；2011年棉花面积为6 515亩。品种有中棉所41、中棉所43、国新3号、奥瑞金21、鲁棉21、鲁棉28、鲁棉29等，主要分布在高村乡和张村街道办事处的汾河滩地，其他地方也有零星分布。2007 年侯马市还在棉花种植区域实施了水肥一体化生产项目。

2. 棉花技术指导措施

（1）底肥：25～30 千克复合肥＋加多保 10～20 千克，建议结合整地亩追加“深呼吸”1 袋，防土传病害。

（2）苗期：主要是促进棉苗营养生长，防低温和病、虫害。

①防低温冻害：喷施腐烂速康 1 袋＋加多保 100 克/喷雾器。

②病害：主要是立枯病、炭疽病、根腐病、枯萎病等，喷施激活 500～600 倍液；也可出苗 5 天后，用激活 100～120 倍液＋加多保 100 克灌根，有效期可达 20～25 天不染病。防枯萎病喷施枯黄毙克 300～500 倍液，或枯黄急救 500～600 倍液。

③虫害：主要是棉蚜、螨类等，喷施 5%啶虫脒 700～800 倍液，或 20%吡虫啉 3 000 倍液；喷施 1.8%阿维菌素 3 000～5 000 倍液，或 2.8%阿维菌素 18 000～20 000 倍液。

（3）蕾铃期：棉花蕾铃期需肥量较大，要注重追肥。不同生育期需肥量不同，要掌握“轻、稳、重、补”的原则，即棉花苗期、蕾期，肥料施用要“轻、稳”，开花至花铃期则要“重、补”。

①追肥：15 千克氮钾肥＋加多保 10～20 千克。

②枯黄萎病：喷施枯黄毙克 300～500 倍液，或枯黄急救 500～600 倍液。

③整枝：喷施整枝灭杈壮铃素 700～800 倍液，或缩节胺 800～100 倍液。

④防落蕾落铃：喷施授粉坐果灵 600～700 倍液。

⑤防烂桃：喷施加多保 500～600 倍液，或抗早衰三合一 1 000～1 200 倍液。

（4）成熟期：主要是注重叶面补肥防早衰，促使秋桃膨大。

①防早衰：喷施加多保 500～600 倍液。

②黄萎病：枯黄毙克 300～500 倍液，或枯黄急救 500～600 倍液。

③防后期虫害：喷施阿维·高氯 1 000 倍液。

通过以上棉花管理措施，可使棉花亩增产 40～75 千克。

3. 棉花生产科学施肥指导意见

（1）存在问题与施肥原则：针对棉花种植区氮磷化肥用量普遍偏高，肥料增产效应下降，而有机肥施用不足，微量元素硼和锌缺乏时有发生等问题，提出以下施肥原则：

①增施有机肥，提倡有机无机配合。

②依据土壤肥力条件，适当调减氮磷化肥用量，高效施用钾肥，注意硼和锌的配合施用。

③氮肥分期施用，适当增加生育中期的氮肥施用比例。

④肥料施用应与高产优质栽培技术相结合。

（2）施肥建议

①施肥量

a. 产量水平（皮棉）70 千克/亩以下：亩施用优质有机肥 2 500 千克以上，氮肥（N）8～10 千克/亩，磷肥（P_2O_5）5～7 千克/亩，钾肥（K_2O）2.5～4 千克/亩。

b. 产量水平（皮棉）70～100 千克/亩：亩施用优质有机肥 2 500 千克以上，氮肥

(N) 10～14 千克/亩，磷肥 (P_2O_5) 7～9 千克/亩，钾肥 (K_2O) 4～5 千克/亩。

c. 产量水平（皮棉）100 千克/亩以上：亩施用优质有机肥 2 500 千克以上，氮肥 (N) 12～16 千克/亩，磷肥 (P_2O_5) 8～10 千克/亩，钾肥 (K_2O) 5～7 千克/亩。

在土壤硼、锌缺乏的地块，基施硼砂 1.0 千克/亩、硫酸锌 1～1.5 千克/亩。

②施肥方法

a. 磷肥最好与农家肥堆沤或混合后施用，硼砂或硫酸锌应拌有机肥或细干土 10～15 千克撒入棉田随耕翻入土，锌肥不能与磷肥混合施用。

b. 氮肥总量的 1/3 做底肥，2/3 做追肥；磷、钾肥除高产田留 1/3 做追肥外，其余 1 次施入。追肥一般分 2 次，第 1 次在盛蕾期以氮肥为主，追施总追氮量的 1/2；第 2 次在花铃期以氮肥为主配合磷、钾肥，追施总追氮量的 1/2 和总追磷、钾量的全部。对长势差、基肥少、地力弱的棉田应在苗期增追提苗肥，一般亩追氮肥 (N) 2.5 千克。对后期有脱肥趋势的棉田，还要早施盖顶肥，一般亩施 N 1.5 千克。追肥的方法以开沟深施为佳，但在蕾期以后要注意距离棉株远些，以免伤根过多，影响正常生长。

c. 棉花进入花铃期如感磷、钾不足，可叶面喷施 0.2%～0.3%的磷酸二氢钾，氮肥不足的棉田，可配合喷施 0.5%～1%的尿素。一般每隔 10～15 天喷 1 次，共喷 3～4 次。对未底施锌肥和硼肥的棉田，可将硼砂和硫酸锌混在一起从蕾期到花铃期以 0.2%硼砂和 0.2%硫酸锌溶液连喷 2～3 次，间隔 7～10 天。

二、蔬菜施肥技术

（一）侯马市蔬菜生产情况

1. 蔬菜生产简况 2009 年全市蔬菜种植面积 3.18 万亩，播种面积 6.48 万亩，总产量 25.6 万吨，总产值 12 800 万元。其中地膜覆盖面积 1.72 万亩，日光温室面积 0.26 万亩，以种植黄瓜、番茄、芹菜等品种为主，亩收入 1.0～1.3 元；大拱棚面积 0.65 万亩，以种植黄瓜、辣椒、茄子为主，亩收入 1 万元左右；中小拱棚面积 0.53 万亩，主要种植油麦菜、小油菜、生菜等绿叶菜，亩收入 7 000 元左右；芦笋种植面积 1 万亩，亩收入 4 000元左右。

2010 年侯马市蔬菜种植面积 1.3 万亩，其中设施蔬菜面积 3 000 亩，上院日光温室蕃茄 300 亩，新引进番茄品种：金鹏 M16、粉冠一号、中杂 16。侯马市丰园有机蔬菜生产基地观庄村发展日光温室 31 个，上平村发展 72 个。张少村发展大棚西瓜 1 000 亩，常青村以中小拱棚为主，日光温室为辅，张少村发展水泥池莲菜 180 亩，西新城 40 亩。侯马市各乡（街道办事处）蔬菜种植情况见表 6 - 7。

2. 蔬菜生产基地建设

（1）上院日光温室番茄种植面积 100 余亩，平均亩产 1.5 万千克，纯收入 1.3 万元左右，通过推广应用水肥一体化节水节肥技术，提高了蔬菜品质和质量，延长了 15 天的采收期，增加了农民收入，进一步推动了蔬菜生产的发展。

（2）东城芹菜生产基地种植面积 80 亩，纯收入 7 000 元/亩，实行订单农业全部加工成裕隆源牌芹菜挂面。

表 6-7　2010 年蔬菜生产统计

（乡、街道办事处）	村	户数（户）	人口（人）	蔬菜种植户数（户）	蔬菜面积（亩）	产量（万千克）	产值（万元）	全村人均纯收入（元）	蔬菜人均收入（元）	栽培形式	栽培种类
新田乡	垤上村	200	1 412	90	180	27	110.2	9 072	4 082	设施池棚	莲菜，叶菜
	西呈王	80	567	34	68	17.5	33.3	7 778	3 266	日光温室	黄瓜，食用菌
	马庄	240	1 398	98	196	47	83.8	6 953	2 851	日光温室	辣椒，特菜
	汾上	260	1 260	117	234	51	96.1	6 087	2 740	日光温室	辣椒，黄瓜
上马街道办事处	上院	180	685	74	80	40	76.2	8 378	3 434	日光温室	番茄
	东阳呈	160	690	66	132	20	45.7	5 638	2 311	日光温室	番茄，茄子
	张少	650	2 721	293	550	80	316.6	8 006	3 602	设施池棚	莲菜，西瓜
高村乡	上平	240	1 508	101	235	50.5	97.2	7 639	3 208	日光温室	豆角，黄瓜
	张王	540	2 023	226	352	100	224.7	7 894	3 315	日光温室	辣椒，茄子
张村街道办事处	观庄	260	1 186	112	224	33.5	81.3	5 633	2 422	日光温室	辣椒，番茄
凤城乡	北王	185	621	78	156	39	71.5	7 285	3 059	日光温室	黄瓜，辣椒
	河东	242	884	102	204	34	82.5	6 425	2 698	专用大棚	香菇

（3）河东香菇生产基地和西赵平菇生产基地有大棚 300 个，种植香菇 100 万筒，总产量 2 500 吨，总产值 1 600 万元。

（4）张少大棚西瓜 1 000 亩，亩收入 1 万元左右。西瓜拉秧后复播白菜，亩产白菜 5 000千克。

（5）辣椒生产基地主要分布在飞机场和东庄一带，种植面积 500 亩，亩产辣椒 3 000 千克，亩收入 3 000 元。

（6）乔山底温室黄瓜生产基地位于上马街道办事处乔山底村，种植面积 5 亩，品种为瑞克斯旺水果黄瓜，亩产 1 万千克，每千克 4 元，亩收入 4 万元。

（7）莲菜基地种植面积 3 000 亩。主要分布在垤上村滩地、平均亩产 1 500 千克左右，亩收入 1 500 元。

3. 新技术的应用

（1）乔山底日光温室黄瓜生产，实行四位一体化，即沼气池-养猪-滴灌-温室，养猪即可增加收入又可为沼气池提供产气原料（猪粪），沼气池可以为温室提供优质高效的有机肥，沼肥可以通过滴灌给温室黄瓜追肥。

（2）在上马街道办事处张少村引进了节水、节肥硬化莲池。种植面积 300 亩。

4. 病虫害防治　病虫害防治生产过程中，严格按照绿色、无公害蔬菜生产要求，强化各项技术措施，根据病虫预测预报，坚持以预防为主，农业防治与化学防治相结合，把病虫害的发生控制在最低水平。

（二）蔬菜科学施肥方案

1. 设施番茄

（1）施肥问题与施肥原则

施肥存在的主要问题：一是过量施肥现象普遍，氮磷钾化肥用量偏高，土壤氮磷钾养分积累明显；二是养分投入比例不合理，非石灰性土壤钙、镁、硼等元素供应存在障碍；三是过量灌溉导致养分损失严重；四是连作障碍等导致土壤质量退化严重，养分吸收效率下降，蔬菜品质下降。针对这些问题，提出以下施肥原则：

①合理施用有机肥，调整氮磷钾化肥数量，非石灰性土壤及酸性土壤需补充钙、镁、硼等中微量元素。

②根据作物产量、茬口及土壤肥力条件合理分配化肥，大部分磷肥基施、氮钾肥追施；早春生长前期不宜频繁追肥，重视花后和中后期追肥。

③与高产栽培技术结合，提倡苗期灌根，采用"少量多次"的原则，合理灌溉施肥。

④土壤退化的老棚需进行秸秆还田或施用高 C/N 比的有机肥，少施禽粪肥，增加轮作次数，达到除盐和减轻连作障碍的目的。

（2）施肥建议：

①育苗肥增施腐熟有机肥，补施磷肥，每 10 米^{2}苗床施经过腐熟的禽粪 60～100 千克，钙镁磷肥 0.5～1 千克，硫酸钾 0.5 千克，根据苗情喷施 0.05%～0.1%尿素溶液 1～2 次。

②基肥施用优质有机肥 2～3 米^3/亩。产量水平 8 000～10 000 千克/亩：氮肥（N）30～40 千克/亩，磷肥（P_2O_5）15～20 千克/亩，钾肥（K_2O）40～50 千克/亩；产量水平 6 000～8 000 千克/亩：氮肥（N）20～30 千克/亩，磷肥（P_2O_5）10～15 千克/亩，钾肥（K_2O）30～35 千克/亩；产量水平 4 000～6 000 千克/亩：氮肥（N）15～20 千克/亩，磷肥（P_2O_5）8～10 千克/亩，钾肥（K_2O）20～25 千克/亩。

③70%以上的磷肥作基肥条（穴）施，其余随复合肥追施，20%～30%氮钾肥基施，70%～80%在花后至果穗膨大期间分 3～10 次随水追施，每次追施氮肥（N）不超过 5 千克/亩。

④菜田土壤 pH<6 时易出现钙、镁、硼缺乏，可基施钙肥（如石灰）50～75 千克/亩、镁肥（如硫酸镁）4～6 千克/亩，根外补施 2～3 次 0.1%硼肥。

2. 设施黄瓜

（1）施肥问题与施肥原则：设施黄瓜的种植季节分为冬春茬、秋冬茬和越冬长茬，其施肥存在的主要问题是：

①盲目过量施肥现象普遍，施肥比例不合理，过量灌溉导致养分损失严重。

②连作障碍等导致土壤质量退化严重，根系发育不良，养分吸收效率下降，蔬菜品质下降。

③菜田施用的有机肥多以畜禽粪为主，不利于土壤生物活性的提高。

针对上述问题，提出以下施肥原则：

①增施有机肥，提倡施用优质有机堆肥，老菜棚注意多施含秸秆多的堆肥，少施禽粪肥，实行有机—无机配合和秸秆还田。

②依据土壤肥力条件和有机肥的施用量，综合考虑环境养分供应，适当调整氮磷钾化肥用量。

③采用合理的灌溉技术，遵循少量多次的灌溉施肥原则，实行推荐施肥应与合理灌溉

紧密结合，采用膜下沟灌、滴灌等方式，沟灌每次每亩灌溉不超过 30 米^3，沙土不超过 20 米^3，滴灌条件下的灌溉施肥次数可适当增加，而每次的灌溉量需相应减少。

④定植后苗期不宜频繁追肥，可结合灌根技术施用 0.5～1.0 千克/亩的磷肥（P_2O_5）；氮肥和钾肥分期施用，少量多次，避免追施磷含量高的复合肥，重视中后期追肥，每次追施量为 5～6 千克/亩。

（2）施肥建议：

①育苗肥增施腐熟有机肥，补施磷肥，每 10 米^{2}苗床施用腐熟有机肥 60～100 千克，钙镁磷肥 0.5～1 千克，硫酸钾 0.5 千克，根据苗情喷施 0.05%～0.1%尿素溶液 1～2 次。

②基肥施用优质有机肥 3～4 米^3/亩。产量水平 14 000～16 000 千克/亩：氮肥（N）45～50 千克/亩，磷肥（P_2O_5）20～25 千克/亩，钾肥（K_2O）40～45 千克/亩；产量水平 11 000～14 000 千克/亩：氮肥（N）37～45 千克/亩，磷肥（P_2O_5）17～20 千克/亩，钾肥（K_2O）35～40 千克/亩；产量水平 7 000～11 000 千克/亩：氮肥（N）30～37 千克/亩，磷肥（P_2O_5）12～16 千克/亩，钾肥（K_2O）30～35 千克/亩；产量水平 4 000～7 000 千克/亩：氮肥（N）20～28 千克/亩，磷肥（P_2O_5）8～11 千克/亩，钾肥（K_2O）25～30 千克/亩。

设施黄瓜全部有机肥和磷肥作基肥施用，初花期以控为主，全部的氮肥和钾肥按生育期养分需求定期分 6～11 次追施，每次追施氮肥（N）数量不超过 5 千克/亩；秋冬茬和冬春茬的氮钾肥分 6～7 次追肥，越冬长茬的氮、钾肥分 10～11 次追肥。如果是滴灌施肥，可以减少 20%的化肥，如果大水漫灌，每次施肥则需要增加 10%～20%的肥料数量。

第七节　侯马市果树施肥技术

一、侯马市果业生产情况

（一）果业生产简况

2010 年，侯马市水果总面积 1.14 万亩，其中苹果 5 500 亩、桃 3 800 亩，葡萄1 700 亩，其他水果 400 亩。据统计，2010 年水果总产量 825 万千克，其中苹果 610 万千克，桃 106 万千克，葡萄 89 万千克，其他水果 20 万千克。果品总产值 2 034.4 万元。

2012 年，侯马市水果总面积 1.19 万亩，其中苹果 5 500 亩、桃 3 600 亩、葡萄 2 400 亩、其他水果 400 亩。新发展水果面积 500 亩，其中葡萄 100 亩，品种维多利亚、兴华王、早黑宝等；苹果 200 亩，品种以短枝富士为主；桃 200 亩，品种以早熟毛桃心里美为主。果品总产量 1.745 万吨，较去年增产 14%；果品总产值 0.507 4 亿元，增长 3.5%，其中苹果产量 0.77 万吨，产值 0.169 4 亿元；桃产量 0.535 万吨，产值 0.145 亿元；葡萄产量 0.37 万吨，产值 0.178 亿元，其他产量 0.07 万吨，产值 0.015 亿元。

侯马市委、市政府为了把侯马市的苹果生产发展成精品农业，在侯马市的苹果种植区建设示范园，特别是在高村乡的上平村创建了苹果示范园。上平村苹果示范园建设情况是：上平村现有村民 1 500 人，涉及果农人数 1 100 人，基本上户户有果园，耕地 3 200

亩，果园面积1 600亩，以苹果和桃为主，苹果的品种以短枝富士为主。该村90%果农参加了中农乐协会，每人每年交会费20元，可领取全年技术资料和《果农报》一份，享受协会提供的技术、物资服务。2010年园区总产量为175万千克，总效益285万元，良好的效益，使苹果成为该区经济振兴的第一作物。

（二）新技术的推广与应用

大力推广果树改形、培肥土壤、无公害生产为主的三大技术路线。

①推广应用以“提干、压冠、疏大枝”为主要内容的苹果树形改造技术，改造中低产果园1 000亩，主要集中在西侯马、东庄、上平一带的果园。

②果实套袋技术：苹果套塑膜袋4 000万只，套袋覆盖率达90%以上，葡萄套纸袋500万只。

③无公害防治病虫技术：全面推广低毒、低残留、无公害农药，推广面积9 000亩。

④平衡施肥技术：通过果园生物覆盖、增肥等培肥地力措施提高果树单产，实现果业高效、果农增收。

二、果树科学施肥方案

（一）苹果

1. 存在问题与施肥原则 问题主要是：

（1）有机肥施用量不足。全市果园有机肥施用量平均仅为1 000千克左右，优质有机肥的施用量则更少，无法满足果树生长的需要。

（2）化肥“三要素”施用配比不当，肥料增产效益下降。

（3）中、微量元素肥料施用量不足，用法不当。老果园土壤钙、铁、锌、硼等缺乏时有发生，相应施肥多在出现病症后补施。过量施磷使土壤中元素间拮抗现象增强，影响微量元素的有效性。

针对上述问题，提出以下施肥原则：

（1）增施有机肥，做到有机无机配合施用。

（2）依据土壤肥力和产量水平适当调整化肥三要素配比，注意配施钙、铁、硼、锌。

（3）掌握科学施肥方法，根据树势和树龄分期施用氮磷钾肥料，施用时要开沟深施覆土。

2. 施肥建议

（1）施肥量：

①早熟品种、土壤肥沃、树龄小、树势强的果园施优质农家有机肥2～3米^3/亩；晚熟品种、土壤瘠薄、树龄大、树势弱的果园施有机肥3～4米^3/亩。

②亩产2 500千克以下。氮肥（N）12～15千克/亩，磷肥（P_2O_5）4～6千克/亩，钾肥（K_2O）12～15千克/亩。

③亩产2 500～3 500千克。氮肥（N）15～20千克/亩，磷肥（P_2O_5）6～10千克/亩，钾肥（K_2O）15～20千克/亩。

④亩产3 500～4 500千克。氮肥（N）20～25千克/亩，磷肥（P_2O_5）8～12千克/

亩，钾肥（K_2O）15～20 千克/亩。

⑤亩产 4 500 千克以上。氮肥（N）25～35 千克/亩，磷肥（P_2O_5）10～15 千克/亩，钾肥（K_2O）20～30 千克/亩。

（2）施肥方法：

①采用基肥、追肥、叶喷、涂干等相结合的立体施肥方法。基肥以有机肥和适量化肥为主，多在果实采收前后的 9 月中旬到 10 月中旬施入；追肥主要在花前、花后和果实膨大期进行，前期以氮为主，中期以磷、钾肥为主；叶喷、涂干于 6～8 月进行。施肥时应注意将肥料施在根系密集层，最好与灌水相结合。旱地果树施用化肥不能过于集中，以免引起根害。

②对于旺树，秋季基肥中施用 50%的氮肥，其余在花芽分化期和果实膨大期施用；对于弱树，秋季基肥中施用 30%的氮肥，50%在 3 月开花时施用，其余在 6 月中旬施用。70%的磷肥做秋季基施，其余磷肥可在春季施用。40%的钾肥作秋季基肥，20%在开花期，40%在果实膨大期分次施用。

③土壤缺锌、硼和钙而未秋季施肥的果园，每亩施用硫酸锌 1～1.5 千克、硼砂0.5～1.0 千克、硝酸钙 30～50 千克，与有机肥混匀后秋季或早春配合基肥施用；或在套袋前叶面喷施 2～3 次。

（二）桃

1. 存在问题与施肥原则　针对桃园用肥量差异较大，肥料用量、氮磷钾配比、施肥时期和方法不合理，忽视施肥和灌溉协调等问题，提出以下施肥原则：

（1）增加有机肥施用量，做到有机无机配合施用。

（2）依据土壤肥力状况、品种特性及产量水平，合理调控氮磷钾肥比例，有针对性地配施硼和锌肥。

（3）追肥的施用时期依品种区别对待，早熟品种早施，晚熟品种晚施。

（4）弱树应以新梢旺长前和秋季施肥为主；旺长无花树应以春梢和秋梢停长期追肥为主；结果太多的大年树应加强花芽分化期和秋季的追肥。

2. 施肥建议

（1）施肥量：

①产量水平 1 500 千克/亩以下。有机肥 1～2 米^3/亩，氮肥（N）10～12 千克/亩，磷肥（P_2O_5）5～8 千克/亩，钾肥（K_2O）12～15 千克/亩。

②产量水平 1 500～3 000 千克/亩。有机肥 1～2 米^3/亩，氮肥（N）12～16 千克/亩，磷肥（P_2O_5）7～9 千克/亩，钾肥（K_2O）17～20 千克/亩。

③产量水平 3 000 千克/亩以上。有机肥 2～3 米^3/亩，氮肥（N）15～18 千克/亩，磷肥（P_2O_5）8～10 千克/亩，钾肥（K_2O）18～22 千克/亩。

（2）施肥方法：

①全部有机肥、30%～40%的氮肥、100%的磷肥及 50%的钾肥做基肥，于桃果采摘后的秋季采用开沟方法施用；其余 60%～70%氮肥和 50%的钾肥分别在春季桃树萌芽期、硬核期和果实膨大期分次追肥（早熟品种 1～2 次、晚熟品种 2～3 次）。

②对前一年落叶早或负载量高的果园，应加强根外追肥，萌芽前可喷施 2～3 次1%～

3%的尿素，萌芽后至7月中旬之前，定期按2次尿素与1次磷酸二氢钾的方式喷施，浓度为0.3%～0.5%。

③如前一年施用有机肥数量较多，则当年秋季基施的氮、钾肥可酌情减少1～2千克/亩，当年果实膨大期的化肥氮、钾追施数量可酌情减少2～3千克/亩。

（三）葡萄

1. 存在问题与施肥原则 针对侯马市目前大多数葡萄产区施肥中存在的重氮、磷肥，轻钾肥和微量元素肥料，有机肥料重视不够等问题，提出以下施肥原则：

（1）依据土壤肥力条件和产量水平，适当增加钾肥的用量。

（2）增施有机肥，提倡有机无机相结合。

（3）注意硼、铁和钙的配合施用。

（4）幼树施肥应根据幼树的生长需要，遵循“薄肥勤施”的原则进行施肥。

（5）进行根外追肥。

（6）肥料施用与高产优质栽培相结合。

2. 施肥建议

（1）施肥量：

①亩产500～1 000千克的低产果园，亩施腐熟的有机肥1 000～2 000千克，氮肥（N）9～10千克/亩，磷肥（P_2O_5）7～9千克/亩，钾肥（K_2O）11～13千克/亩。

②亩产1 000～2 000千克的中产果园，亩施腐熟的有机肥2 000～2 500千克，氮肥（N）11～13千克/亩，磷肥（P_2O_5）9～11千克/亩，钾肥（K_2O）13～15千克/亩。

③亩产2 000千克以上的高产果园，亩施腐熟的有机肥2 500～3 500千克，氮肥（N）12～15千克/亩，磷肥（P_2O_5）11～13千克/亩，钾肥（K_2O）15～18千克/亩。

（2）施肥方法：

基肥通常用腐熟的有机肥在葡萄采收后立即施入，并加入一些速效性的化肥，如尿素、过磷酸钙和硫酸钾等。基肥用量占全年总施肥量的50%～60%，施用方法采用开沟施。在葡萄生长季节，一般丰产果园每年追肥2～3次，第1次在早春芽开始膨大期，施入腐熟的人粪尿混掺尿素，分配比例为10%～15%；第2次在谢花后幼果膨大初期，以氮肥为主，结合施磷钾肥，分配比例为20%～30%；第3次在果实着色初期，以磷钾肥为主，分配比例为10%。追肥可以结合灌水或雨天直接施入植株根部土壤中，也可进行根外追肥。

第八节　侯马市中药材施肥方案

一、侯马市中药材生产情况

（一）中药材生产简况

侯马市2010年中药材种植面积4 200亩，其中2009年留床1 400亩，2010年新种2 800亩。品种有：远志2 800亩，集中在峨嵋岭一带的卫家庄、西南张、上院、隘口、庄里等7个村；生地745亩，集中在张村街道办事处汾河滩一带；柴胡100亩；甘遂200

亩；芍药 50 亩；其他品种 305 亩。总产量 439.9 吨，实现产值 806.4 万元。

2011 年中药材种植面积为 6 800 亩，其中 2010 年留床 2 070 亩，2011 年新种 4 730 亩。分别有远志 4 000 亩、生地 1 045 亩、柴胡 450 亩、穿地龙 340 亩、甘遂 200 亩、白芷 140 亩、其他品种 625 亩。主要集中在 2 个区域：一是凤城乡北王村飞机场一带，品种以柴胡、穿山龙、白术、白芷为主；二是上马街道办事处的卫家庄、西南张、上院、隘口、庄里等村的峨嵋岭一带，品种以远志为主。中药材总产量 788.05 吨，总产值 1 528.93万元。

2012 年中药材种植面积 10 800 亩，其中 2011 年留床 3 525 亩，2011 年新种 7 275 亩。分别有远志 5 300 亩、生地 2 150 亩、黄芩 1 800 亩、牡丹 540 亩、柴胡 520 亩、芍药 140 亩、其他品种 350 亩。中药材总产量 1 475.72 吨，总产值 2 431.13 万元。

（二）中药材生产典范

上马街道办事处卫家庄村，全村共 196 户，1 400 人，耕地面积 2 700 亩，主导产业中药材，远志、黄芩耕作面积 3 000 余亩，产值 500 万元，中药材产业人均收入 3 571 元，占农民人均收入的 64.2%，辐射带动了周边中药材发展 8 000 余亩，初步形成了覆盖卫家庄、上院、隘口、西阳呈、东南张、西南张、庄里等村的峨嵋岭中药材种植基地。

二、侯马市中药材养分投入状况分析及施肥建议

（一）中药材养分投入状况分析

黄芩的养分投入量为 4.3～115.8 千克/亩，平均投入量为 38.7 千克/亩，投入的差别较大。氮磷钾的平均投入量分别是 18.9、11.8、14.7 千克/亩，比例是 1∶0.62∶0.78，氮钾投入量相对较高，磷相对较低。黄芩产量为 40～800 千克/亩，平均产量是 373 千克/亩。远志的养分投入量为 19.7～141.7 千克/亩，平均投入量为 44.6 千克/亩。氮磷钾的平均投入量分别是 22、12.4、14.5 千克/亩，比例是 1∶0.56∶0.66，氮的投入量相对较高，表明各地施肥情况基本相同，投入总养分量大多为 40 千克/亩左右，而且都较重视氮肥的投入。其产量为 100～600 千克/亩，平均产量是 436 千克/亩，产量差别较小。柴胡的养分投入量为 8.2～59.7 千克/亩，平均投入量为 35.3 千克/亩。氮磷钾的平均养分投入量分别是 16、10.3、10.2 千克/亩，比例是 1∶0.64∶0.64，柴胡平均产量是 70 千克/亩，各地区间差异明显。甘草氮磷钾的平均养分投入量是 14.1、9.5、11.7 千克/亩，比例是 1∶0.67∶0.83。其产量为 350～500 千克/亩，平均产量是 450 千克/亩，各地区间产量基本相同。其他中药材的平均养分投入量差异很大，平均投入量为 38.6 千克/亩，丹参、穿地龙养分投入量分别为 69.1、52.4 千克/亩，其余的养分投入量均低于 50 千克/亩。从化肥的氮磷钾比例看，穿地龙和牡丹的氮磷比在 1∶0.25 左右，牡丹的氮钾比是 1∶0.3。分析结果表明：有机肥主要是以农家肥为主，且都用作基肥；氮肥主要施用品种是尿素、碳铵；磷肥主要品种是过磷酸钙；钾肥主要品种是氯化钾、硫酸钾；复合肥主要品种是二铵。施用了氮磷钾肥的面积较少，人们大多重视复合肥的利用，大多数的肥料都用作基肥，追肥主要是尿素。

（二）施肥存在的主要问题

肥料品种的选购上具有盲目性；施肥不合理，未施中微量元素肥料；忽视肥料对药材有效成分的影响。

（三）施肥建议

要加大测土配方施肥技术推广的力度及广度；增加有机肥的投入，推广有机无机配合施肥技术；合理施肥，调整中药材施肥结构；大力开展中药材配方施肥。

第七章 耕地地力调查与质量评价的应用研究

第一节 耕地资源合理配置研究

一、耕地数量与人口发展现状分析

随着侯马市人口数量的增长，工业化、城市化速度的加快，耕地资源非农用化趋势加剧，耕地数量不断减少。随着全市经济社会的不断发展，在今后一定时期内，仍需要调整一定数量的耕地用于城镇化建设、产业调整、生态农业建设等，耕地面积会继续减少。但耕地是不可再生资源，侯马市耕地后备资源开发利用十分有限，人增地减矛盾将日益突出。从侯马市人民的生存和全市经济可持续发展的高度出发，采取措施，实现全市耕地总量动态平衡刻不容缓。

从土地利用现状看，侯马市的非农建设用地利用粗放，节约集约利用空间大。我们要正确把握县域人口、经济发展与耕地资源配置的密切联系和内在规律，妥善处理保障发展与保护耕地的关系，统筹土地资源开发、利用、保护，促进耕地资源的可持续利用。一是科学控制人口增长；二是树立全民节地观念，开展村级内部改造和居民点调整，退宅还田；三是开发复垦土地后备资源和废弃地等，增大耕地面积；四是加强耕地地力建设。

二、耕地地力与粮食生产能力现状分析

（一）耕地粮食生产能力

耕地是人类获取食物的重要基地，耕地生产能力是决定粮食产量歉丰的重要因素之一。近年来，受人口、经济增长等因素的影响，耕地减少、粮食需求量增加。人口与耕地、粮食矛盾突出，不容乐观。保证粮食需求，挖掘耕地生产潜力已成为建设现代农业生产中的首要任务。

耕地的生产能力分为现实生产能力和潜在生产能力。

1. 现实生产能力 全市耕地总面积 15.0 万亩。2011 年，全市粮食播种面积为 21.3 万亩，蔬菜播种面积 1.8 万亩。

2. 潜在生产能力 侯马市土地资源较为丰富，土质较好，光热资源充足。适宜种植粮食及瓜果、蔬菜等各种作物。经过对全市地力等级的评价，2011 年全市耕地中，一级地 27 042.57 亩，占总耕地面积的 18.02%；二级地 81 573.14 亩，占总耕地面积的 54.36%；三级地 29 934.38 亩，占总耕地面积的 19.95%；四级地 11 514.2 亩，占总耕

地面积的7.67%。所有耕地中，高产田27 042.57亩，占总耕地面积的18.02%；中低产田123 022亩，占耕地总面积的81.98%。耕地旱薄，是造成全市现实生产能力偏低的现状。纵观全市近年来的粮食、油料、蔬菜的平均亩产量和全市农民对耕地的经营状况，全市耕地还有巨大的生产潜力可挖。如果在农业生产中加大有机肥的投入，采取平衡施肥措施和科学合理的耕作技术，全市耕地的生产能力还可以提高。从近几年侯马市对小麦、玉米配方施肥观察点经济效益的对比来看，配方施肥区较习惯施肥区的增产率都在10%左右，甚至更高。只要我们进一步提高农业投入比重，提高劳动者素质，下大力气加强农业基础建设，特别是农田水利建设，就能稳步提高耕地综合生产能力和产出能力，实现农民增收。

（二）粮食安全警戒线

粮食是关系国计民生的重要产品，保障粮食安全是我国农业现代化的首要任务。近几年来世界粮食危机已给一些国家经济发展和社会安定造成一定的不良影响，也给我国的粮食安全敲响了警钟。近年来国家出台了粮食补贴等一系列惠农政策，对鼓励农民发展粮食生产、稳定粮食面积起到了积极作用。但种粮效益不高，加之农资价格上涨等诸多客观因素的影响，没有从根本上调动农民种植粮食的积极性，全市粮食单产没有实现较大幅度提高。

（三）合理配置耕地资源

在确保县域经济发展、确保耕地红线的前提下，进一步优化侯马市耕地资源利用结构，合理配置其他作物占地比例，是当前及今后一段时间内的主要任务。根据《中华人民共和国土地管理法》和《基本农田保护条例》划定全市基本农田保护区，将水利条件、土壤肥力条件好，自然生态条件适宜的耕地划为口粮和国家商品粮生产基地，长期不许占用。在耕地资源利用上，必须坚持基本农田总量平衡的原则。一是建立完善的基本农田保护制度，用法律保护耕地；二是明确各级政府在基本农田保护中的责任，严控占用保护区内耕地，严格控制城乡建设用地；三是实行基本农田损失补偿制度，实行谁占用、谁补偿的原则；四是建立监督检查制度，严厉打击无证经营和乱占耕地的单位和个人；五是建立基本农田保护基金，市政府每年投入一定资金用于基本农田建设，大力挖潜存量土地；六是合理调整用地结构，用市场经营利益导向调控耕地。同时，在耕地资源配置上，要以粮食生产安全为前提，以农业增效、农民增收为目标，逐步提高耕地质量，调整种植业结构，推广优质农产品，应用优质、高效、生态、安全栽培技术，提高耕地利用率。

第二节　耕地地力建设与土壤改良利用对策

一、耕地地力现状及特点

经过历时两年对侯马市耕地地力调查与评价，基本查清了全市耕地地力现状与特点。平原土壤有机质平均值为20.58克/千克，丘陵为16.40克/千克；平原土壤全氮平均值为20.58克/千克，丘陵为16.40克/千克；平原土壤碱解氮平均值为85.93毫克/千克，丘陵为73.82毫克/千克；平原土壤有效磷平均值为13.29毫克/千克，丘陵为13.38毫克/千克；平原土壤速效钾平均值为255.75毫克/千克，丘陵为229.36毫克/千克；平原土壤缓效钾平均值为1030.54毫克/千克，丘陵为966.00毫克/千克；平原土壤有效硫平均值为87.72毫克/千克，丘陵为37.33毫克/千克；平原土壤有效铜平均值为2.45毫克/千克，丘陵为2.268毫克/千克；平原土壤有效锌平均值为1.86毫克/千克，丘陵为1.49毫克/千克；平原土壤有效锰平均值为10.87毫克/千克，丘陵为9.27毫克/千克；平原土壤有效铁平均值为4.27毫克/千克，丘陵为3.49毫克/千克；平原土壤有效硼平均值0.51毫克/千克，丘陵为0.40毫克/千克。

（一）耕地土壤养分含量普遍提高

随着农业生产的发展及施肥、耕作经营管理水平的变化，耕地土壤有机质及大量元素也随之变化。与1982年全国第二次土壤普查时的耕层养分测定结果相比，30年间，土壤有机质增加了8.56克/千克，全氮增加了0.4克/千克，有效磷增加了1.2毫克/千克，速效钾增加了159.84毫克/千克。

（二）土质良好，土壤熟化度高

侯马市土壤质地的概况是壤土面积>黏土面积>沙土面积。壤土面积占土壤面积的80%以上。其肥力特点是：保水保肥性强，通气透水性良好，既发小苗又发老苗，是比较理想的土壤。侯马市农业历史悠久，经多年的耕作培肥，土壤熟化程度高。

二、存在主要问题及原因分析

（一）中低产田面积较大

依据《山西省中低产田划分与改良技术规程》调查，全市中低产田面积大。主要原因：一是自然条件因素。全市部分地形复杂，坡、沟、梁、峁俱全，缓坡梯田、坡耕地水土流失严重。二是农田基本建设投入不足，改造措施力度不够。三是水利资源开发利用不充分，配置不合理，水利设施不完善。四是农民没有自觉改造中低产田的积极性。

（二）农民培肥观念差，重用轻养

种粮效益低，农民没有“养地”的积极性，造成科技投入不足，耕作管理粗放，耕地生产率低。

（三）施肥结构不合理

在农作物施用肥料上存在的问题，突出表现为“四重四轻”：第一，重经济作物，轻粮食作物；第二，重成本较低的单质肥料，轻价格较高的专用肥料、复混肥料；第三，重化肥轻农家肥；第四，重氮、磷、钾化肥使用，轻合理配比。

三、耕地培肥与改良利用对策

（一）多种渠道提高土壤肥力

1. 增施有机肥，提高土壤有机质　近年来，由于农家肥源不足和化肥的大量施用，

全市耕地有机肥施用量呈逐年下降的趋势。可通过采取以下措施加以解决：①广种饲草，增加畜禽，以牧养农。②种植绿肥，实施绿肥压青。③大力推广小麦玉米、秸秆还田。

2. 合理轮作 通过不同作物合理轮作倒茬，保障土壤养分平衡。大力推广粮、油轮作，玉米、大豆立体间套作，小麦、大豆轮作等技术模式，实现土壤养分协调利用。

（二）测土配方施肥

1. 巧施氮肥 速效性氮肥极易分解，通常施入土壤中的氮素化肥的利用率只有25%～50%，2009—2011年（干旱较重）小麦田间肥效试验数据表明，氮素化肥的利用率仅19.71%。这说明施入土壤中的氮素化肥，挥发渗漏损失严重。所以在施用氮肥时一定注意施肥量、施肥方法和施肥时期，提高氮肥利用率，减少损失。

2. 稳施磷肥 侯马市地处黄土高原，属石灰性土壤，土壤中的磷常被固定，而不能发挥肥效。加上长期以来群众重氮轻磷，因此作物吸收的磷得不到及时补充。试验证明，在缺磷土壤上增施磷肥增产效果明显，配合增施人粪尿、畜禽肥等有机肥，其中的有机酸和腐殖酸可以促进非水溶性磷的溶解，提高磷素的活性。

3. 因地施用钾肥 侯马市土壤中钾的含量处于中等偏上水平，虽然在短期内不会成为农业生产的主要限制因素，但随着农业生产进一步发展和作物产量的不断提高，土壤中有效钾的含量也会处于不足状态，所以应定期监测土壤中钾的动态变化，及时补充钾素。

4. 重视施用微肥 作物对微量元素肥料的需要量虽然很少，但对提高农产品产量和品质却有大量元素不可替代的作用。据调查，全市土壤硼、锌、铁、铜、锰等含量均不高。作物合理补施微肥的增产效果很明显，如玉米施锌等。

（三）因地制宜，改良中低产田

侯马市中低产田面积比例大，影响了耕地地力水平。因此，要从实际出发，针对不同类型的中低产田，对症下药，分类改良。具体改良措施，详见本书第五章第三节。

第三节　农业结构调整与适宜性种植

近年来，侯马市的农业产业结构调整取得了突出的成绩，为适应21世纪我国现代农业发展的需要，增强侯马市优势农产品参与国际市场竞争的能力，有必要对全市的农业结构现状进行进一步的战略性调整，从而促进全市优质、高效农业的发展。

一、农业结构调整的原则

侯马市在调整种植业结构中，应遵循下列原则：

一是力争与国际农产品市场接轨，增强全市农产品在国际、国内经济贸易中的竞争力。

二是利用不同区域的生产条件、技术装备水平及经济基础，充分发挥地域优势。

三是利用耕地评价成果，合理进行粮、经作物的耕地配置。

四是采用耕地资源管理信息系统，为区域结构调整的可行性提供宏观决策与技术服务。

五是保持行政村界线的基本完整。

二、农业结构调整的依据

根据此次耕地质量的评价结果，全市的种植业内部结构调整，主要从不同耕地类型综合生产能力和土壤环境质量两方面考虑，具体为：

一是按照三大不同地貌类型，因地制宜规划，在布局上做到宜农则农，宜林则林，宜牧则牧。

二是按照1～4个耕地等级来分布适宜性作物，以发挥其最大生产潜力。

三、种植业布局分区建议

根据侯马市种植业布局分区的原则和依据，结合本次耕地地力调查与质量评价结果，将侯马市划分为两大种植区，概述如下：

（一）平川果、菜种植区

1. 区域特点　交通便利，地势平坦，土壤肥沃，耕性良好。水土流失轻微，地下水位较浅，水源比较充足，属机井灌溉区，水利设施好。年平均气温12.7℃，年降水量为493毫米，无霜期204天，气候温和，热量充足，可一年两作。园田化水平高，农业生产条件优越，农业生产水平较高，是侯马市的粮、菜、果主产区。

2. 种植业发展方向　本区以建设中药材、设施蔬菜基地为主攻方向。大力发展一年两作高产高效粮田，扩大设施蔬菜面积，适当发展梨、桃等水果。在现有基础上，优化结构，建立无公害生产基地。

3. 主要保障

（1）加大土壤培肥力度，全面推广多种形式秸秆还田，以增加土壤有机质，改良土壤理化性状。

（2）注重作物合理轮作，坚决杜绝多年连茬。

（3）搞好基地建设，通过标准化建设、模式化管理、无害化生产技术应用，使基地取得明显的经济效益和社会效益。

（二）山地、丘陵玉米、中药材种植区

1. 区域特点　以丘陵、梁、峁、坡为主，多为缓坡梯田。年均气温10℃以上的积温3 500℃，年降水量为600毫米，无霜期175～185天，一年一作。

2. 种植业发展方向　以玉米为主，发展复播豆类和多年生药材。

3. 主要保证措施

（1）小麦、玉米良种良法配套，增加产出，提高品质，增加效益。

（2）大面积推广秸秆还田，有效提高土壤有机质含量。

（3）加强缓坡梯田农田整治，防止水土流失。

四、农业远景发展规划

现根据各地的自然生态条件、社会经济技术条件，特提出 2015 年发展规划如下：

一是全市粮食占有耕地 10 万亩，复种指数达到 1.3，集中建设 9 万亩国家优质小麦生产基地。

二是稳步发展优质苹果、设施瓜菜，占用耕地 3 万亩。

三是全面推广绿色蔬菜、果品生产操作规程，配套建设储藏、包装、加工、质量检测、信息等设施完备的果品加工、批发市场。

四是发展牧草养殖业，重点发展圈养牛、羊，力争发展牧草 2 万亩。

第四节　耕地质量管理对策

耕地地力调查与质量评价成果为全市耕地质量管理提供了依据，耕地质量管理决策的制定，成为全市农业可持续发展的核心内容。

一、建立依法管理体制

（一）工作思路

以发展优质高效、生态、安全农业为目标，以耕地质量动态监测管理为核心，以土壤地力改良利用为重点，通过农业种植业结构调查，合理配置现有农业用地，逐步提高耕地地力水平，满足人民日益增长的农产品需求。

（二）建立完善行政管理机制

1. 制订总体规划　坚持“因地制宜、统筹兼顾，局部调整、挖掘潜力”的原则，制订全市耕地地力建设与土壤改良利用总体规划，实行耕地用养结合，划定中低产田改良利用范围和重点，分区制定改良措施，严格统一组织实施。

2. 建立以法保障体系　制定耕地质量管理办法，设立专门监测管理机构，县、乡、村三级设定专人监督指导，分区布点，建立监控档案，依法检查污染区域项目治理工作，确保工作高效到位。

3. 加大资金投入　市政府要加大资金支持，市财政每年从农发资金中列支专项资金，用于全市中低产田改造和耕地污染区域综合治理，建立财政支持下的耕地质量信息网络，有效推进工作。

（三）强化耕地质量建设的技术措施

1. 提高土壤肥力　组织市、乡农业技术人员实地指导，组织农户合理轮作，平衡施肥，安全施药、施肥，推广秸秆还田、种植绿肥、施用生物菌肥，多种途径提高土壤肥力，降低土壤污染，提高土壤质量。

2. 改良中低产田　实行分区改良，重点突破。灌溉改良区重点抓好灌溉配套设施的改造，节水浇灌、挖潜增灌，扩大浇水面积。丘陵、山区中低产区要广辟肥源，深耕保墒，轮作倒茬，粮草间作，扩大植被覆盖率。修整梯田，保水保肥，达到增产增效目标。

二、建立和完善耕地质量监测网络

随着全市工业化进程的加快，工业污染日益严重，在重点工业生产区域建立耕地质量监测网络已迫在眉睫。

1. 设立组织机构　耕地质量监测网络建设，涉及环保、土地、水利、经贸、农业等多个部门，需要市政府协调支持，成立依法行政管理机构。

2. 配置监测机构　由市政府牵头，各职能部门参与，组建侯马市耕地质量监测领导组，在市环保局下设办公室，设定专职领导与工作人员，建立企业治污工程体系，制定工作细则和工作制度，强化监测手段，提高行政监测效能。

3. 加大宣传力度　采取多种途径和手段，加大《中华人民共和国环境法》宣传力度，在重点污排企业及周围乡村张贴宣传广告，大力宣传环境保护政策及科普知识。

4. 加强农业执法管理　由市农业、环保、质检行政部门组成联合执法队伍，宣传农业法律知识，对市场化肥、农药实行市场统一监控、统一发布，将假冒农用物资一律依法查封销毁。

5. 改进治污技术　对不同污染企业采取烟尘、污水、污碴分类处理，进行科学转化。对工业污染河道及周围农田，采取有效物理、化学降解技术，降解铅、镉及其他重金属污染物，并在河道两岸50米栽植花草、林木，净化河水，美化环境；对化肥、农药污染农田，要划区治理，积极利用农业科研成果，组成科技攻关组，引试降解剂，逐步消解污染物。

6. 推广农业综合防治技术　在增施有机肥降解大田农药、化肥及垃圾废弃物污染的同时，积极宣传推广微生物菌肥，以改善土壤的理化性状，改变土壤溶液酸碱度，改善土壤团粒结构，减轻土壤板结，提高土壤保水、保肥性能。

三、国家惠农政策与耕地质量管理

免除农业税费、粮食直补、良种补贴等一系列惠农政策的落实，极大调动了农民种植粮食生产的积极性，成为农民自觉提高耕地质量的内在动力，对全市耕地质量建设具有推动作用：

1. 加大耕地投入，提高土壤肥力　目前，全市中低产田分布区域广，粮食生产能力较低。随着各项惠农政策的出台，政府鼓励农民自觉增加科技投入，实现耕地用养协调发展。

2. 改进农业耕作技术，提高土壤生产性能　鼓励农民精耕细作，科学管理，提高耕地地力等级水平。

3. 采用先进农业技术，增加农业比较效益　应用有机旱作农业技术，合理优化适栽技术，加强田间管理，实现节本增效。

农民以田为本，以田谋生，农业税费政策出台以后，土地属性发生变化，农民由有偿支配变为无偿使用，土地成为农民家庭财富的一部分，对农民增收和国家经济发展将起到积极的推动作用。

四、扩大无公害农产品生产规模

在国际农产品质量标准市场一体化的形势下，扩大全市无公害农产品生产成为满足社会消费需求和农民增收的关键。

（一）扩大生产规模

在侯马市发展绿色无公害农产品，扩大生产规模。以耕地地力调查与质量评价结果为依据，充分发挥区域比较优势，合理布局，调整规模。一是粮食生产上，在全市发展 9 万亩无公害优质小麦；二是在蔬菜生产上，发展设施蔬菜 1.8 万亩；三是在水果生产上，发展无公害水果 2.1 万亩。

（二）配套管理措施

1. 建立组织保障体系　成立侯马市无公害农产品生产领导组，下设办公室，地点在市农业委员会。组织实施项目列入市政府工作计划，单列工作经费，由市财政负责执行。

2. 加强质量检测体系建设　成立市级无公害农产品质量检验技术领导组，市、乡下设两级监测检验的网点，配备设备及人员，制定工作流程，强化监测检验手段，提高检测检验质量，及时指导生产基地技术推广工作。

3. 制定技术规程　组织技术人员建立全市无公害农产品生产技术操作规程，重点抓好平衡施肥，合理施用农药，细化技术环节，实现标准化生产。

4. 打造绿色品牌　重点实施好无公害小麦、果品等的生产经营。

五、加强农业综合技术培训

自 20 世纪 90 年代起，侯马市就建立起市、乡、村三级农业技术推广网络。由市农业技术推广中心牵头，搞好技术项目的组织与实施，负责划区技术指导，行政村配备 1 名科技副村长，在全市设立农业科技示范户。先后开展了小麦、玉米、水果、中药材等优质高产高效生产技术培训，推广了旱作农业、生物覆盖、小麦地膜覆盖、双千创优工程及设施蔬菜“四位一体”综合配套技术。

目前，侯马市有机旱作、测土配方施肥、节水灌溉、生态沼气、无公害蔬菜生产技术推广已取得明显成效。应充分利用这次耕地地力调查与质量评价成果，主抓以下几方面技术培训：①加强宣传农业结构调整与耕地资源有效利用的目的及意义；②全市中低产田改造和土壤改良相关技术的推广；③耕地地力环境质量建设与配套技术推广；④绿色无公害农产品生产技术操作规程；⑤农药、化肥安全施用技术培训；⑥农业法律、法规、环境保护相关法律的宣传培训。

通过技术培训，使全市农民掌握一定的理论并应用到农业中，推动耕地地力建设，提高农业生态环境建设和耕地质量环境的保护意识，发挥主观能动性，不断提高全市耕地地力水平，以满足日益增长的人口和物资生活需求，为全面建设小康社会打好农业发展基础平台。

第五节　耕地资源管理信息系统的应用

耕地资源信息系统以一个市（县）行政区域内耕地资源为管理对象，应用GIS技术，对辖区内的地形、地貌、土壤、土地利用、农田水利、土壤污染、农业生产基本情况、基本农田保护区等资料进行统一管理，构建耕地资源基础信息系统，并将其数据平台与各类管理模型结合，对辖区内的耕地资源进行系统的动态管理，为农业决策、农民和农业技术人员提供耕地质量动态变化规律、土壤适宜性、施肥咨询、作物营养诊断等多方位的信息服务。

本系统行政单元为村，农业单元为基本农田保护块，土壤单元为土种，系统基本管理单元为土壤、基本农田保护块、土地利用现状叠加所形成的评价单元。

一、领导决策依据

这次耕地地力调查与质量评价直接涉及耕地自然要素、环境要素、社会要素及经济要素4个方面，为耕地资源信息系统的建立与应用提供了依据。通过全市生产潜力评价、适宜性评价、土壤养分评价、科学施肥、经济性评价、地力评价及产量预测，及时指导农业生产的发展，为农业技术推广应用做好信息发布，为用户需求分析及信息反馈打好基础。主要依据：一是全市耕地地力水平和生产潜力评估为农业远期规划和全面建设小康社会提供了保障；二是耕地质量综合评价，为领导提供了耕地保护和污染修复的基本思路，为建立和完善耕地质量检测网络提供了方向；三是耕地土壤适宜性及主要限制因素分析为全市农业调整提供了依据。

二、动态资料更新

这次侯马市耕地地力调查与质量评价中，耕地土壤生产性能主要包括地形部位、土体构型、较稳定的物理性状、易变化的化学性状、农田基础建设5个方面。耕地地力评价标准体系与1982年土壤普查技术标准出现部分变化，耕地要素中基础数据有大量变化，为动态资料更新提供了新要求。

（一）耕地地力动态资源内容更新

1. 评价技术体系有较大变化　这次调查与评价主要运用了“3S”评价技术。在技术方法上，采用文字评述法、专家经验法、模糊综合评价法、层次分析法、指数和法；在技术流程上，应用了叠置法确定评价单元，空间数据与属性数据相连接；采用特尔菲法和模糊综合评价法，确定评价指标；应用层次分析法确定各评价因子的组合权重，用数据标准化计算各评价因子的隶属函数，并将数值进行标准化；应用累加法计算每个评价单元的耕地力综合评价指数，分析综合地力指数，分布划分地力等级，将评价的地方等级归入农业部地力等级体系，采取GIS、GPS系统编绘各种养分图和地力等级图等图件。

2. 评价内容有较大变化　除原有地形部位、土体构型等基础耕地地力要素相对稳定以外，土壤物理性状、易变化的化学性状、农田基础建设等要素变化较大，尤其是土壤容重、有机质、pH、有效磷、速效钾指数变化明显。

3. 增加了耕地质量综合评价体系 土样、水样化验检测结果为全市绿色、无公害农产品基地建立和发展提供了理论依据。图件资料的更新变化，为今后全市农业宏观调控提供了技术准备，空间数据库的建立为全市农业综合发展提供了数据支持，加速了全市农业信息化快速发展。

（二）动态资料更新措施

结合这次耕地地力调查与质量评价，全市及时成立技术指导组，确定专门技术人员，从土样采集、化验分析、数据资料整理编辑，计算机网络连接畅通，保证了动态资料更新及时、准确，提高了工作效率和质量。

三、耕地资源合理配置

（一）目的意义

多年来，全市耕地资源盲目利用，低效开发，重复建设情况十分严重，随着农业经济发展方向的不断延伸，农业结构调整缺乏借鉴技术和理论依据。这次耕地地力调查与质量评价成果对指导全市耕地资源合理配置，逐步优化耕地利用质量水平，提高土地生产性能和产量水平具有现实意义。

全市耕地资源合理配置思路是：以确保粮食安全为前提，以耕地地力质量评价成果为依据，以统筹协调发展为目标，用养结合，因地制宜，内部挖潜，发挥耕地最大生产效益。

（二）主要措施

1. 加强组织管理，建立健全工作机制 市政府要组建耕地资源合理配置协调管理工作体系，由农业、土地、环保、水利、林业等职能部门分工负责，密切配合，协同作战。技术部门要抓好技术方案制订和技术宣传培训工作。

2. 加强农田环境质量检测，抓好布局规划 将企业列入耕地质量检测范围，企业要加大资金投入和技术改造，降低“三废”对周围耕地的污染，因地制宜地大力发展有机、绿色、无公害农产品优势生产基地。

3. 加强耕地保养利用，提高耕地地力 依照耕地地力等级划分标准，划定全市耕地地力分布界限，推广平衡施肥技术，加强农田水利基础设施建设，平田整地，淤地打坝，中低产田改良，植树造林，扩大植被覆盖面，防止水土流失，提高梯（园）田化水平。采用机械耕作，加深耕层，熟化土壤，改善土壤理化性状，提高土壤保水保肥能力。划区制订技术改良方案，将全市耕地地力水平分级划分到村、到户，建立耕地改良档案，定期定人检查验收。

4. 重视粮食生产安全，加强耕地利用和保护管理 根据侯马市农业发展远景规划目标，要十分重视耕地利用保护与粮食生产之间的关系。人口不断增长，耕地逐年减少，要解决好建设与吃饭的关系，合理利用耕地资源，实现耕地总面积动态平衡，解决人口增长与耕地矛盾，实现农业经济和社会可持续发展。

总之，耕地资源配置，主要是各土地利用类型在空间上的整体布局；另一层含义是指同一土地利用类型在某一地域中是分散配置还是集中配置。耕地资源空间分布结构折射出其地域特征，而合理的空间分布结构可在一定程度上反映自然生态和社会经济系统间的协调程度。耕地的配置方式，对耕地产出效益的影响截然不同。经过合理配置，农村耕地相对规模集中，这既利于农业管理，又利于减少投工投资，耕地的利用率将有较大提高。

具体措施：一是严格执行《基本农田保护条例》，增加土地投入，大力改造中低产田，使农田数量与质量稳步提高。二是园地面积要适当调整，淘汰劣质果园，发展优质果品生产基地。三是林草地面积适量增长，加大"四荒"（荒山、荒坡、荒沟、荒滩）拍卖开发力度，种草植树，力争森林覆盖率达到30%，牧草面积占到耕地面积的2%以上。四是搞好河道、滩涂地的有效开发，增加可利用耕地面积。五是加大小流域综合治理力度，在搞好耕地整治规划的同时，治山治坡、改土造田、基本农田建设与农业综合开发结合进行。六是要采取措施，严控企业占地，严控农村宅基地占用一、二级耕地，加大废旧砖窑和农村废弃宅基地的返田改造，盘活耕地存量，"开源"与"节流"并举。七是加快耕地使用制度改革，实行耕地使用证发放制度，促进耕地资源的有效利用。

四、科学施肥体系与灌溉制度的建立

（一）科学施肥体系建立

侯马市测土配方施肥工作起步较晚，20世纪80年代初为半定量的初级配方施肥。90年代以来，有步骤地定期开展土壤肥力测定，逐步建立了适合全市不同作物、不同土壤类型的施肥模式。在施肥技术上，提倡"增施有机肥，稳施氮肥，增施磷肥，补施钾肥，配施微肥和生物菌肥"。

1. 调整施肥思路　以节本增效为目标，立足抗旱栽培，着力提高肥料利用率，采取"适氮、稳磷、补钾、配微"原则，坚持有机肥与无机肥相结合，合理调整养分比例，按耕地地力与作物类型分期供肥，科学施用。

2. 施肥方法

①因土施肥：不同土壤类型保肥、供肥性能不同。对全市垣地、丘陵旱地，土壤的土体构型为通体壤或"蒙金型"，一般将肥料作基肥一次施用效果最好；对部分沙壤土采取少量多次施用。

②因品种施肥：肥料品种不同，施肥方法也不同。对碳酸氢铵等易挥发性化肥，必须集中深施覆土，一般为10～20厘米；硝态氮肥易流失，宜作追肥，不宜大水漫灌；尿素为高浓度中性肥料，作底肥和叶面喷肥效果最好，在旱地作基肥集中条施；磷肥易被土壤固定，常作基肥和种肥，要集中沟施，且忌撒施土壤表面。

③因苗施肥：对基肥充足，生长旺盛的田块，要少量控制氮肥，少追或推迟追肥时期；对基肥不足，生长缓慢田块，要施足基肥，多追或早追氮肥；对后期生长旺盛的田块，要控氮补磷施钾。

3. 选定施用时期　因作物选定施肥时期。小麦追肥宜选在拔节期；叶面喷肥选在孕穗期和扬花期；玉米追肥宜选在拔节期和大喇叭口期施肥，同时可采用叶面喷施锌肥。

在作物喷肥时间上，要看天气施用，要选无风、晴朗天气，早上 8：00～9：00 以前或下午 16：00 以后喷施。

4. 选择适宜的肥料品种和合理的施用量 在品种选择上，增施有机肥、高温堆沤积肥、生物菌肥；严格控制硝态氮肥施用，忌在忌氯作物上施用氯化钾，提倡施用硫酸钾肥，补施铁肥、锌肥、硼肥等微量元素化肥。在化肥用量上，要坚持无害化施用原则。

（二）灌溉制度的建立

侯马市为贫水区之一，主要采取抗旱节水灌溉为主。

1. 旱地区集雨灌溉模式 主要采用有机旱作技术模式，深翻耕作，加深耕层，平田整地，提高园（梯）田化水平，地膜覆盖，垄际集雨纳墒，秸秆覆盖蓄水保墒，高灌引水，节水管灌等配套技术措施，提高旱地农田水分利用率。

2. 扩大井水灌溉面积 水源条件较好的旱地，打井造渠，利用分畦浇灌或管道渗灌、喷灌，节约用水，保障作物生育期一次透水。井灌区要修整管道，按作物需水高峰期浇灌，全生育期保证浇水 2～3 次，满足作物生长需求。忌大水漫灌。

（三）体制建设

在侯马市建立科学施肥与灌溉制度，农业、技术部门要严格细化相关施肥技术方案，积极宣传和指导；水利部门要抓好淤地打坝、井灌配套等基本农田水利设施建设，提高灌溉能力；林业部门要加大荒坡、荒山植树造林，创造绿色环境，改善气候条件，提高年际降水量；农业环保部门要加强基本农田及水污染的综合治理，改善耕地环境质量和灌溉水质量。

五、信息发布与咨询

耕地地力与质量信息发布与咨询，直接关系到耕地地力水平的提高，关系到农业结构调整与农民增收目标的实现。

（一）体系建立

以侯马市农业技术部门为依托，在省、市农业技术部门的支持下，建立耕地地力与质量信息发布咨询服务体系，建立相关数据资料展览室，将全市土壤、土地利用、农田水利、土壤污染、基本农业田保护区等相关信息融入计算机网络之中，充分利用县、乡两级农业信息服务网络，对辖区内的耕地资源进行系统的动态管理，为农业生产和结构调整做好耕地质量动态变化、土壤适宜性、施肥咨询、作物营养诊断等多方位的信息服务。在乡村建立专门试验示范生产区，专业技术人员要做好协助指导管理，为农户提供技术、市场、物资供求信息，定期记录监测数据，实现规范化管理。

（二）信息发布与咨询服务

1. 农业信息发布与咨询 重点抓好小麦、蔬菜、水果、中药材等适栽品种供求动态，适栽管理技术，无公害农产品化肥和农药科学施用技术，农田环境质量技术标准的入户宣传，编制通俗易懂的文字，图片发放到每家每户。

2. 开辟空中课堂抓宣传 充分利用覆盖全市的电视传媒信号，定期做好专题资料宣传，并设立信息咨询服务电话热线，及时解答和解决农民提出的各种疑难问题。

3. 组建农业耕地环境质量服务组织　在侯马市乡村选拔科技骨干及村干部，统一组织耕地地力与质量建设技术培训，组成农业耕地地力与质量管理服务队，建立奖罚机制，鼓励他们谏言献策，提供耕地地力与质量方面的信息和技术思路，服务于全市农业发展。

4. 建立完善执法管理机构　成立由市土地、环保、农业等行政部门组成的综合行政执法决策机构，加强对全市农业环境的执法保护。开展农资市场打假，依法保护利用土地，监控企业污染，净化农业发展环境。同时，配合宣传相关法律、法规，自觉接受社会监督。

附　　录

附录1　测土配方施肥技术总结专题报告一

土壤养分测试与化验质量控制

土壤养分测试是测土配方施肥的基础工作，在土壤养分测试过程中，严格按照农业部测土配方施肥技术规范要求和山西省农业厅有关要求进行测试，严格技术要求，加强质量控制，确保测试质量。

一、土壤养分测试项目

用于施肥推荐的土壤样品检测项目为：pH、有机质、全氮、碱解氮、有效磷、速效钾、缓效钾、有效硫、有效铜、有效锌、有效铁、有效锰、水溶性硼等项目。

二、土壤养分测试方法

pH：土液比1∶2.5，采用电位法。

有机质：采用油浴加热重铬酸钾氧化容量法。

全氮：采用凯氏蒸馏法。

碱解氮：采用碱解扩散法。

有效磷：采用碳酸氢钠或氟化铵—盐酸浸提——钼锑抗比色法。

速效钾：采用乙酸铵浸提——火焰光度计法。

缓效钾：采用硝酸提取——火焰光度法。

有效硫：采用磷酸盐—乙酸或氯化钙浸提——硫酸钡比浊法。

有效铜、锌、铁、锰：采用DTPA提取——原子吸收光谱法。

水溶性硼：采用沸水浸提——甲亚胺—H比色法或姜黄素比色法。

三、土壤养分测试质量控制

1. 样品风干及处理　采集的土壤样品，及时放置在干燥、通风、卫生、无污染的室内风干，风干后送化验室处理。

将风干后的样品平铺在制样板上，用木棍碾压，并将植物残体、石块等侵入体和新生体剔除干净。细小已断的植物须根，可采用静电吸附的方法清除。压碎的土样用 2 毫米孔径筛过筛，未通过的土粒重新碾压，直至全部样品通过 2 毫米孔径筛为止。通过 2 毫米孔径筛的土样可供 pH 及有效养分等项目的测定。

将通过 2 毫米孔径筛的土样用四分法取出一部分继续碾磨，使之全部通过 0.25 毫米孔径筛，供有机质、全氮等项目的测定。

用于微量元素分析的土样，其处理方法同一般化学分析样品，但在采样、风干、研磨、过筛、运输、储存等诸环节都要特别注意，不要接触容易造成样品污染的铁、铜等金属器具。采样、制样推荐使用不锈钢和塑料工具，过筛使用尼龙网筛等。通过 2 毫米孔径尼龙筛的样品可用于测定土壤有效态微量元素。

2. 实验室质量控制　在测试前采取的主要措施：

（1）制订方案：按测土配方施肥技术规范要求制订了周密的采样方案，尽量减少采样误差。

（2）人员培训：正式开始分析前，对检验人员进行了为期两周的培训。对测试项目、测试方法、操作要点、注意事项一一进行培训，并进行了质量考核，为监测人员掌握了解项目分析技术、提高业务水平、减少误差等奠定了基础。

（3）收样登记制度：我们制定了收样登记制度，将收样时间、制样时间、处理方法与时间、分析时间一一登记，并在收样时确定样品统一编码、野外编码及标签等，从而确保了样品的真实性和整个过程的完整性。

（4）测试方法：严格按照《规范》要求的土壤养分测试方法进行土壤样品化验。

（5）测试环境：为减少系统误差，我们对实验室温、湿度，试剂，用水，器皿等一一检验，保证其符合测试条件。

（6）仪器检测：化验用的仪器设备定期进行运行状况检查。

在检测中采取的主要措施：

（1）仪器使用实行登记制度，并及时对仪器设备进行检查维护。

（2）严格执行项目分析标准，确保测试结果准确。

（3）坚持平行试验，控制精密度，减少误差。

（4）坚持带参比样进行测定，与参比样对照：分析中，我们每批次带参比样品 10%，在测定的精密度合格的前提下，参比样测定值在标准保证值范围内的为合格；否则本批结果无效，进行重新分析测定。

（5）注重空白试验：全程空白值是指用某一方法测定某物质时，除样品中不含该物质外，整个分析过程中引起的信号值或相应浓度值。它包含了试剂、蒸馏水中杂质带来的干扰，将其从待测试样的测定值中扣除，可消除上述因素带来的系统误差。如果空白值过高，则要找出原因，采取其他措施（如提纯试剂、更新试剂、更换容器等）加以消除。保证每批次样品做 2 个以上空白样，并在整个项目开始前按要求做全程序空白测定，每次做 2 个平行空白样。

（6）做好校准曲线：比色分析中标准系列保证设置 6 个以上浓度点。根据浓度和吸光度按一元线性回归方程 $Y=a+bX$ 计算其相关系数，式中：Y 为吸光度；X 为待测液浓度；a 为截距；b 为斜率。要求标准曲线相关系数 $r \geq 0.999$。

校准曲线控制：①每批样品皆需做校准曲线；②标准曲线力求 r≥0.999，且有良好重现性；③大批量分析时每测 10～20 个样品要用一标准液校准，检查仪器状况；④待测液浓度超标时不能任意外推。

（7）详细、如实记录测试过程，使检测条件可再现、检测数据可追溯。对测量过程中出现的异常情况也及时记录，及时查找原因。

（8）认真填写测试原始记录，测试记录做到：如实、准确、完整、清晰。记录的填写、更改均制定了相应制度和程序。当测试由一人读数一人记录时，记录人员复读多次所记的数字，以减少误差发生。

3. 检测后主要采取的技术措施 加强原始记录校核、审核，实行“三审三校”制度，对发现的问题及时研究、解决，或召开质量分析会，达成共识。

（1）及时对异常情况进行处理

①异常值的取舍：对检测数据中的异常值，按 GB/T 4883 标准规定采用 Grubbs 法或 Dixon 法加以判断处理。

②因外界干扰（如停电、停水），检测人员应终止检测，待排除干扰后重新检测，并记录干扰情况。当仪器出现故障时，故障排除后校准合格的，方可重新检测。

（2）使用计算机采集、处理、运算、记录、报告、存储检测数据时，应制定相应的控制程序。

（3）检验报告的编制、审核、签发：检验报告是实验工作的最终结果，是试验室的产品，因此对检验报告质量要高度重视。检验报告应做到完整、准确、清晰、结论正确。

4. 数据录入 分析数据按规程和方案要求审核后编码整理，和采样点一一对照，确认无误后进行录入。采取双人录入相互对照的方法，保证录入的正确率。

附录2　测土配方施肥技术总结专题报告二

土壤养分状况与评价

一、耕地土壤养分综述

侯马市3 500个样点测定结果表明，全市耕地土壤有机质含量为1～39.9克/千克，平均含量为20.26克/千克，标准差为6.38，变异系数为31.49%；全氮含量为0.114～2.619克/千克，平均含量变化为1.07克/千克，标准差为0.31，变异系数为28.94%；碱解氮含量为7.1～190.8毫克/千克，平均含量为85.01毫克/千克，标准差为26.13，变异系数为30.74%；有效磷含量为1.1～53.4毫克/千克，平均含量为13.30毫克/千克，标准差为9.98，变异系数为75.07%；缓效钾含量为485～1 544毫克/千克，平均含量为1 025.54毫克/千克，标准差为165.70，变异系数为16.16%；速效钾含量为40～529毫克/千克，平均含量为253.74毫克/千克，标准差为89.49，变异系数为35.27%；有效铁含量为1.3～9毫克/千克，平均值为4.23毫克/千克，标准差为1.54，变异系数为36.39%；有效锰含量为1.7～24.3毫克/千克，平均值为10.79毫克/千克，标准差为3.48，变异系数为32.22%；有效铜含量为0.73～11.5毫克/千克，平均值为2.44毫克/千克，标准差为1.72，变异系数为70.76%；有效锌含量为0.03～5.43毫克/千克，平均值为1.84毫克/千克，标准差为0.97，变异系数为52.42%；有效硼含量为0.03～1.31毫克/千克，平均值为0.51毫克/千克，标准差为0.27，变异系数为52.39%；有效硫含量为2.7～305.7毫克/千克，平均值为85.03毫克/千克，标准差为67.52，变异系数为79.40%。

二、土壤养分各区域情况

（一）土壤有机质及大量元素

1. 有机质　侯马市耕地土壤有机质含量平均值为20.26克/千克。3 464个样本数中，小于6.6克/千克的51个，6.6～12.1克/千克的220个，12.1～17.7克/千克的930个，17.7～23.2克/千克的1 327个，23.2～28.8克/千克的638个，28.8～34.3克/千克的186个，大于34.3克/千克的112个。不同行政区域是：凤城乡土壤有机质平均值为19.19克/千克，高村乡平均值为19.97克/千克，上马街道办事处平均值为19.66克/千克，新田乡平均值为21.21克/千克，张村街道办事处平均值为21.32克/千克。

2. 全氮　侯马市耕地土壤全氮含量平均值为1.07克/千克。2 860个样本数中，小于0.5克/千克的69个，0.5～0.8克/千克的455个，0.8～1.2克/千克的1 454个，1.2～1.5克/千克的670个，1.5～1.9克/千克的176个，1.9～2.3克/千克的20个，大于2.3

克/千克的 16 个。不同行政区域是：凤城乡土壤全氮平均值为 1.05 克/千克，高村乡平均值为 1.07 克/千克，上马街道办事处平均值为 1.04 克/千克，新田乡平均值为 1.09 克/千克，张村街道办事处平均值为 1.12 克/千克。

3. 碱解氮 侯马市耕地土壤碱解氮含量平均值为 85.01 毫克/千克。3 370 个样本数中，小于 37.7 毫克/千克的 46 个，37.7～68.3 毫克/千克的 688 个，68.3～99.0 毫克/千克的 1 923 个，99.0～129.6 毫克/千克的 539 个，129.6～160.2 毫克/千克的 91 个，大于 160.2 毫克/千克的 83 个。不同行政区域是：凤城乡土壤碱解氮平均值为 83.81 毫克/千克，高村乡平均值为 85.02 毫克/千克，上马街道办事处平均值为 81.27 毫克/千克，新田乡平均值为 86.91 毫克/千克，张村街道办事处平均值为 88.51 毫克/千克。

4. 有效磷 侯马市耕地土壤有效磷含量平均值为 13.30 毫克/千克。3 459 个样本数中，小于 8.6 毫克/千克的 1 144 个，8.6～16.0 毫克/千克的 1 561 个，16.0～23.5 毫克/千克的 411 个，23.5～31.0 毫克/千克的 131 个，31.0～38.5 毫克/千克的 61 个，38.5～45.9 毫克/千克的 32 个，大于 45.9 毫克/千克的 119 个。不同行政区域是：凤城乡土壤有效磷平均值为 12.06 毫克/千克，高村乡平均值为 13.42 毫克/千克，上马街道办事处平均值为 13.08 毫克/千克，新田乡平均值为 14.92 毫克/千克，张村街道办事处平均值为 13.10 毫克/千克。

5. 速效钾 侯马市耕地土壤速效钾含量平均值为 253.74 毫克/千克。3 465 个样本数中，小于 109.9 毫克/千克的 116 个，109.9～179.7 毫克/千克的 647 个，179.7～249.6 毫克/千克的 1 041 个，249.6～319.4 毫克/千克的 913 个，319.4～389.3 毫克/千克的 490 个，389.3～459.1 毫克/千克的 164 个，大于 459.1 毫克/千克的 94 个。不同行政区域是：凤城乡土壤速效钾平均值为 229.24 毫克/千克，高村乡平均值为 278.77 毫克/千克，上马街道办事处平均值为 249.39 毫克/千克，新田乡平均值为 236.45 毫克/千克，张村街道办事处平均值为 268.07 毫克/千克。

6. 缓效钾 侯马市耕地土壤缓效钾含量平均值为 1 025.54 毫克/千克。2 580 个样本数中，小于 636.3 毫克/千克的 53 个，636.3～787.6 毫克/千克的 153 个，787.6～938.9 毫克/千克的 572 个，938.9～1 090.1 毫克/千克的 826 个，1 090.1～1 241.4 毫克/千克的 782 个，1 241.4～1 392.7 毫克/千克的 178 个，大于 1 392.7 毫克/千克的 16 个。不同行政区域是：凤城乡土壤缓效钾平均值为 1 080.61 毫克/千克，高村乡平均值为 1 023.75 毫克/千克，上马街道办事处平均值为 1020.25 毫克/千克，新田乡平均值为 1 023.58 毫克/千克，张村街道办事处平均值为 988.77 毫克/千克。

（二）土壤中、微量元素

1. 有效硫 侯马市耕地土壤有效硫含量平均值为 85.03 毫克/千克。1 070 个样本数中，小于 46.0 毫克/千克的 362 个，46.0～89.3 毫克/千克的 357 个，89.3～132.6 毫克/千克的 170 个，132.6～175.8 毫克/千克的 75 个，175.8～219.1 毫克/千克的 35 个，219.1～262.4 毫克/千克的 24 个，大于 262.4 毫克/千克的 47 个。不同行政区域是：凤城乡土壤有效硫平均值为 73.71 毫克/千克，高村乡平均值为 73.07 毫克/千克，上马街道办事处平均值为 50.69 毫克/千克，新田乡平均值为 111.04 毫克/千克，张村街道办事处平均值为 118.71 毫克/千克。

2. 有效铜　侯马市耕地土壤有效铜含量平均值为 2.44 毫克/千克。1 072 个样本数中，小于 2.3 毫克/千克的 731 个，2.3～3.8 毫克/千克的 219 个，3.8～5.3 毫克/千克的 49 个，5.3～6.9 毫克/千克的 27 个，6.9～8.4 毫克/千克的 22 个，8.4～10.0 毫克/千克的 7 个，大于 10.0 毫克/千克的 17 个。不同行政区域是：凤城乡土壤有效铜平均值为 1.72 毫克/千克，高村乡平均值为 3.87 毫克/千克，上马街道办事处平均值为 2.55 毫克/千克，新田乡平均值为 2.32 毫克/千克，张村街道办事处平均值为 1.68 毫克/千克。

3. 有效锌　侯马市耕地土壤有效锌含量平均值为 1.84 毫克/千克。1 072 个样本数中，小于 0.8 毫克/千克的 84 个，0.8～1.6 毫克/千克的 442 个，1.6～2.3 毫克/千克的 309 个，2.3～3.1 毫克/千克的 136 个，3.1～3.9 毫克/千克的 45 个，3.9～4.7 毫克/千克的 32 个，大于 4.7 毫克/千克的 24 个。不同行政区域是：凤城乡土壤有效锌平均值为 2.02 毫克/千克，高村乡平均值为 1.63 毫克/千克，上马街道办事处平均值为 1.97 毫克/千克，新田乡平均值为 1.77 毫克/千克，张村街道办事处平均值为 1.84 毫克/千克。

4. 有效锰　侯马市耕地土壤有效锰含量平均值为 10.79 毫克/千克。1 072 个样本数中，小于 4.9 毫克/千克的 28 个，4.9～8.2 毫克/千克的 218 个，8.2～11.4 毫克/千克的 415 个，11.4～14.6 毫克/千克的 278 个，14.6～17.8 毫克/千克的 96 个，17.8～21.1 毫克/千克的 30 个，大于 21.1 毫克/千克的 7 个。不同行政区域是：凤城乡土壤有效锰平均值为 12.42 毫克/千克，高村乡平均值为 9.91 毫克/千克，上马街道办事处平均值为 8.79 毫克/千克，新田乡平均值为 11.09 毫克/千克，张村街道办事处平均值为 11.37 毫克/千克。

5. 有效铁　侯马市耕地土壤有效铁含量平均值为 4.23 毫克/千克。1 072 个样本数中，小于 2.4 毫克/千克的 108 个，2.4～3.5 毫克/千克的 285 个，3.5～4.6 毫克/千克的 322 个，4.6～5.7 毫克/千克的 192 个，5.7～6.8 毫克/千克的 97 个，6.8～7.9 毫克/千克的 34 个，大于 7.9 毫克/千克的 34 个。不同行政区域是：凤城乡土壤有效铁平均值为 4.49 毫克/千克，高村乡平均值为 3.30 毫克/千克，上马街道办事处平均值为 3.70 毫克/千克，新田乡平均值为 4.25 毫克/千克，张村街道办事处平均值为 5.36 毫克/千克。

6. 有效硼　侯马市耕地土壤有效硼含量平均值为 0.51 毫克/千克。1 071 个样本数中，小于 0.2 毫克/千克的 123 个，0.2～0.4 毫克/千克的 297 个，0.4～0.6 毫克/千克的 305 个，0.6～0.8 毫克/千克的 215 个，0.8～0.9 毫克/千克的 44 个，0.9～1.1 毫克/千克的 50 个，大于 1.1 毫克/千克的 37 个。不同行政区域是：凤城乡土壤有效硼平均值为 0.50 毫克/千克，高村乡平均值为 0.42 毫克/千克，上马街道办事处平均值为 0.54 毫克/千克，新田乡平均值为 0.52 毫克/千克，张村街道办事处平均值为 0.56 毫克/千克。

三、土壤养分各土类情况

（一）土壤有机质及大量元素

1. 有机质　潮土土壤有机质平均值为 22.17 克/千克，褐土平均值为 19.85 克/千克，新积土平均值为 20.43 克/千克，盐土平均值为 20.90 克/千克，沼泽土平均值为 26.67 克/千克。

2. 全氮 潮土土壤全氮平均值为22.17克/千克，褐土平均值为19.85克/千克，新积土平均值为20.43克/千克，盐土平均值为20.90克/千克，沼泽土平均值为26.67克/千克。

3. 碱解氮 潮土土壤碱解氮平均值为89.17毫克/千克，褐土平均值为84.21毫克/千克，新积土平均值为77.33毫克/千克，盐土平均值为83.43毫克/千克，沼泽土平均值为101.83毫克/千克。

4. 有效磷 潮土土壤有效磷平均值为12.75毫克/千克，褐土平均值为13.47毫克/千克，新积土平均值为10.52毫克/千克，盐土平均值为11.67毫克/千克，沼泽土平均值为14.12毫克/千克。

5. 速效钾 潮土土壤速效钾平均值为245.88毫克/千克，褐土平均值为255.48毫克/千克，新积土平均值为212.40毫克/千克，盐土平均值为254.64毫克/千克，沼泽土平均值为276.17毫克/千克。

6. 缓效钾 潮土土壤缓效钾平均值为925.81毫克/千克，褐土平均值为1 050.81毫克/千克，新积土平均值为896.78毫克/千克，盐土平均值为906.43毫克/千克，沼泽土平均值为887.75毫克/千克。

（二）土壤中、微量元素

1. 有效硫 潮土土壤有效硫平均值为96.42毫克/千克，褐土平均值为81.89毫克/千克，新积土平均值为63.50毫克/千克，盐土平均值为126.19毫克/千克，沼泽土平均值为83.40毫克/千克。

2. 有效铜 潮土土壤有效铜平均值为2.60毫克/千克，褐土平均值为2.39毫克/千克，新积土平均值为7.76毫克/千克，盐土平均值为2.25毫克/千克，沼泽土平均值为1.97毫克/千克。

3. 有效锌 潮土土壤有效锌平均值为1.98毫克/千克，褐土平均值为1.82毫克/千克，新积土平均值为1.74毫克/千克，盐土平均值为1.98毫克/千克，沼泽土平均值为1.36毫克/千克。

4. 有效锰 潮土土壤有效锰平均值为11.13毫克/千克，褐土平均值为10.72毫克/千克，新积土平均值为8.45毫克/千克，盐土平均值为10.94毫克/千克，沼泽土平均值为8.75毫克/千克。

5. 有效铁 潮土土壤有效铁平均值为5.46毫克/千克，褐土平均值为3.94毫克/千克，新积土平均值为2.90毫克/千克，盐土平均值为5.83毫克/千克，沼泽土平均值为4.30毫克/千克。

6. 有效硼 潮土土壤有效硼平均值为0.54毫克/千克，褐土平均值为0.50毫克/千克，新积土平均值为0.87毫克/千克，盐土平均值为0.77毫克/千克，沼泽土平均值为0.19毫克/千克。

四、土壤养分各地貌情况

（一）土壤有机质及大量元素

1. 有机质 平原土壤有机质平均值为20.58克/千克，丘陵平均值为16.40克/千克。

2. 全氮　平原土壤全氮平均值为 20.58 克/千克，丘陵平均值为 16.40 克/千克。

3. 碱解氮　平原土壤碱解氮平均值为 85.93 毫克/千克，丘陵平均值为 73.82 毫克/千克。

4. 有效磷　平原土壤有效磷平均值为 13.29 毫克/千克，丘陵平均值为 13.38 毫克/千克。

5. 速效钾　平原土壤速效钾平均值为 255.75 毫克/千克，丘陵平均值为 229.36 毫克/千克。

6. 缓效钾　平原土壤缓效钾平均值为 1 030.54 毫克/千克，丘陵平均值为 966.00 毫克/千克。

（二）土壤中、微量元素

1. 有效硫　平原土壤有效硫平均值为 87.72 毫克/千克，丘陵平均值为 37.33 毫克/千克。

2. 有效铜　平原土壤有效铜平均值为 2.45 毫克/千克，丘陵平均值为 2.268 毫克/千克。

3. 有效锌　平原土壤有效锌平均值为 1.86 毫克/千克，丘陵平均值为 1.49 毫克/千克。

4. 有效锰　平原土壤有效锰平均值为 10.87 毫克/千克，丘陵平均值为 9.27 毫克/千克。

5. 有效铁　平原土壤有效铁平均值为 4.27 毫克/千克，丘陵平均值为 3.49 毫克/千克。

6. 有效硼　平原土壤有效硼平均值为 0.51 毫克/千克，丘陵平均值为 0.40 毫克/千克。

附录3　测土配方施肥技术总结专题报告三

测土配方施肥在冬小麦上的应用效果评价

为了评价测土配方施肥的效果，2009年共安排冬小麦校正试验20个，供试品种为烟农21、烟农19、石麦45、济丰212、临汾8050、临丰615、晋麦54。

表1　侯马市冬小麦测土配方施肥校正试验结果汇总

试验编号	配方施肥区			习惯施肥区			空白区	
	产量（千克/亩）	产值（元/亩）	肥料投入（千克/亩）	产量（千克/亩）	产值（元/亩）	肥料投入（千克/亩）	产量（千克/亩）	产值（元/亩）
043012E20090708E820	307.4	608.7	170	259.9	514.6	115.50	143.0	283.1
043012E20090930C227	415.2	822.1	106	358.1	709.0	97.50	356.1	705.1
043013E20090605A095	341.0	675.2	129	294.0	582.1	74.75	117.0	231.7
043013E20090617A304	306.9	607.7	170	284.1	562.5	101.00	214.7	425.1
043013E20090708C253	329.2	651.8	170	291.3	576.8	134.00	247.0	489.1
043013E20090930A730	329.0	651.4	170	293.5	581.1	101.00	183.7	363.7
043014E20090618A193	354.0	700.9	129	289.0	572.2	91.25	143.0	283.1
043014E20090714A229	361.5	715.8	129	329.0	651.4	101.00	274.6	543.7
043014E20090715A206	307.0	607.9	129	284.0	562.3	101.00	219.0	433.6
043015E20090623C096	367.2	727.1	170	352.0	697.0	134.00	194.3	384.7
043015E20090623C097	386.7	765.7	170	380.0	752.4	134.00	397.4	786.9
043015E20090701C128	354.2	701.3	170	341.9	677.0	85.00	209.4	414.6
043015E20090709E850	418.8	829.2	170	400.3	792.6	134.00	356.2	705.3
043018E20090624B646	186.5	369.3	129	235.6	466.5	91.25	131.3	260.0
043018E20090624B647	200.4	396.8	129	345.2	683.5	91.25	107.3	212.5
043018E20090625B485	297.4	588.9	129	280.5	555.4	91.25	117.4	232.5
043018E20090629B708	304.2	602.3	129	279.6	553.6	91.25	103.4	204.7
043018E20090707B456	297.0	588.1	106	273.0	540.5	85.00	157.0	310.9

表2　侯马市冬小麦测土配方施肥校正试验结果评价

试验编号	增产率（%）		增收（元/亩）	
	配方施肥区与习惯施肥区	配方施肥区与空白区	配方施肥区与习惯施肥区	配方施肥区与空白区
043012E20090708E820	18.28	114.97	39.6	155.6
043012E20090930C227	15.95	16.60	104.6	11

（续）

试验编号	增产率（%）		增收（元/亩）	
	配方施肥区与习惯施肥区	配方施肥区与空白区	配方施肥区与习惯施肥区	配方施肥区与空白区
043013E20090605A095	15.99	191.45	38.85	314.5
043013E20090617A304	8.03	42.94	−23.8	12.6
043013E20090708C253	13.01	33.28	39	−7.3
043013E20090930A730	12.10	79.10	1.3	117.7
043014E20090618A193	22.49	147.55	90.95	288.8
043014E20090714A229	9.88	31.65	36.4	43.1
043014E20090715A206	8.10	40.18	17.6	45.3
043015E20090623C096	4.32	88.99	−5.9	172.4
043015E20090623C097	1.76	−2.69	−22.7	−191.2
043015E20090701C128	3.60	69.15	−60.7	116.7
043015E20090709E850	4.62	17.57	0.6	−46.1
043018E20090624B646	−20.84	42.04	−134.95	−19.7
043018E20090624B647	−41.95	86.77	−324.45	55.3
043018E20090625B485	6.02	153.32	−4.25	227.4
043018E20090629B708	8.80	194.20	10.95	268.6
043018E20090707B456	8.79	89.17	26.6	171.2
平均	5.0	79.78	16.67	77.50

20个校正试验中，有2个试验由于旱灾和冻害导致无法统计结果。统计产量结果的18个校正试验，配方施肥区和习惯施肥区相比，16个增产，2个减产。配方施肥区较习惯施肥区平均亩增产率为5.0%，配方施肥区较空白区平均亩增产率为79.78%；配方施肥区较习惯区平均亩增收16.67元/亩，配方施肥区较空白区平均亩增收77.50元/亩。2010年共安排校正试验20个，供试品种为烟农21、烟农19、临汾8050、临丰615。2011年共安排校正试验10个，供试品种为济麦22、烟农21、临汾8050。

图书在版编目（CIP）数据

侯马市耕地地力评价与利用 /孟宪昌主编．—北京：中国农业出版社，2015.10
ISBN 978-7-109-20885-8

Ⅰ.①侯… Ⅱ.①孟… Ⅲ.①耕作土壤—土壤肥力—土壤调查—侯马市②耕作土壤—土壤评价—侯马市 Ⅳ.①S159.225.4②S158

中国版本图书馆 CIP 数据核字（2015）第 208679 号

中国农业出版社出版
（北京市朝阳区麦子店街 18 号楼）
（邮政编码 100125）
责任编辑 杨桂华

中国农业出版社印刷厂印刷 新华书店北京发行所发行
2015 年 11 月第 1 版 2015 年 11 月北京第 1 次印刷

开本：787mm×1092mm 1/16 印张：9.25 插页：1
字数：220 千字
定价：80.00 元